海岸带生态安全评价模式 研究与案例分析

吝 涛 薛雄志 卢昌义 著

U0202243

海洋出版社

2018年·北京

图书在版编目（CIP）数据

海岸带生态安全评价模式研究与案例分析/峇涛，薛雄志，卢昌义著．—北京：海洋出版社，2018.2

ISBN 978-7-5210-0041-2

Ⅰ.①海…　Ⅱ.①峇…②薛…③卢…　Ⅲ.①海岸带-生态安全-安全评价-案例-厦门　Ⅳ.①X321.257.3

中国版本图书馆 CIP 数据核字（2018）第 035459 号

责任编辑：张　荣
责任印制：赵麟苏

海洋出版社　出版发行

http：//www.oceanpress.com.cn

北京市海淀区大慧寺路 8 号　邮编：100081
北京文昌阁彩色印刷有限公司印刷　新华书店发行所经销
2018 年 2 月第 1 版　2018 年 2 月北京第 1 次印刷
开本：787mm×1092mm　1/16　印张：11.5
字数：230 千字　定价：48.00 元
发行部：62132549　邮购部：68038093　总编室：62114335
海洋版图书印、装错误可随时退换

前　言

　　安全是一个古老而新兴的概念，生态安全是安全概念的演变结果之一，与生态风险、生态健康、生态脆弱性、可持续发展有着密切的联系。海岸带是陆地和海洋系统的交界地带，是地球上水圈、岩石圈、大气圈和生物圈相互作用最频繁、最活跃的地带。伴随着我国经济社会的发展，海岸带地区人类社会与生态环境之间的矛盾日益凸显，海岸带生态安全是实现海岸带可持续发展的重要手段，也是追求海岸带人与自然和谐相处的保障。

　　作为典型的生态脆弱带和人为活动密集区，海岸带生态安全问题亟待解决，但目前对于海岸带生态安全的相关研究很少，且较为分散，尤其缺乏将人类经济社会发展与自然生态环境保护综合考虑的生态安全评价模式。本书尝试构建海岸带生态安全评价模式，并以厦门为例进行案例研究，主要研究结论如下：

　　（1）提出了海岸带生态安全的内涵，认为海岸带生态安全是指在外界自然或人为干扰条件下，海岸带生态系统保持自身组成、结构完整和功能稳定，从而保证对海岸带居住的人类提供稳定、持续的资源和服务的动态过程。利用"压力—状态—响应"（Pressure-State-Response，PSR）分析模型为基础，融合生态风险评价、生态健康评价和政策分析等方法，构建海岸带生态安全评价框架。

　　（2）构建海岸带生态压力的定量评价方法，以厦门为例进行案例研究，鉴别出厦门面临的主要自然和人为生态安全压力，定量评价厦门生态安全压力大小及其空间和时间上的累积性影响。目前厦门海岸带生态系统总体面临较为严重的生态安全压力，主要来自海岸工程建设和围垦造地、九龙江河口输入和台风、风暴潮。从空间累积性来看，厦门西海域和同安湾海域空间生态安全压力累积状况最为严重；从时间累积性来看，厦门海岸带生态安全压力以持续性压力为主，主要集中在夏季暴发。选择围填海工程作为典型的生态安全压力，阐明围填海工程对海岸带生态系统产生影响的作用机制，从物理、化学、生物和景观构建评价指标进行深入分析。

　　（3）利用"网状"生态指标体系从生态系统成分、结构和功能3个方面构建海岸带生态安全状态评价指标体系。通过将科学性与实用性相结合的操作指标定量选取方法，分别提取出厦门海岸带生态健康现状和回顾性评价两套操作指标体系，利用隶属度进行评价，对厦门海岸带生态安全（健康）状态进行现状评价和回顾性评价案例研究。厦门海岸带生

1

态健康现状属于较健康水平，影响生态系统健康的关键因素是湿地面积的变化、底栖动物个体变化、红树林面积变化。厦门海岸带生态健康状态历史变化是一种持续下降的轨迹，其中土地利用变化、鱼种数量、海岸线的破碎程度、红树林和湿地面积以及植被覆盖率的恶化趋势最为明显。选择白鹭的生态安全作为厦门海岸带生态健康的典型状态指标，通过对白鹭繁殖和觅食栖息地的生态适宜性和人为干扰评价发现：白鹭的主要繁殖地——大屿岛和鸡屿岛均处于安全状态，白鹭的觅食生境处于较安全等级，分析结果与厦门海岸带生态健康综合评价结果相似。

（4）利用"驱动力—压力—状态—影响—响应力（DPSIR）"模型构建生态安全响应力评价方法，将生态安全中的驱动力、压力、状态和影响归为生态安全问题因素，作为生态安全响应力的作用对象，通过探讨响应力与生态安全问题因素的作用机制，从生态安全响应力反馈效果、反馈效率和反馈充分性3个方面入手构建生态安全响应力定量评价方法。通过厦门案例研究发现：在海岸带生态安全响应力的6种途径中，厦门教育与科技支撑的实施和运行情况表现最好，处于较高水平，基础设施建设表现最差，处于一般水平。9项海岸带生态安全问题因素收到的反馈效果十分接近，整体处于较理想水平。反馈效率的总体时效性处于一般水平，而长效性处于理想水平。9项生态安全问题因素受反馈作用的充分性相差不大，均处在较理想的水平，其中自然灾害受反馈作用充分性最差。

本书出版受到国家重点研发计划"长三角城市群生态安全保障关键技术研究与集成示范"（2016YFC0502702）的资助，在此表示感谢。同时由于作者水平有限，书中难免出现纰漏和失误，敬请读者包涵。

目　　录

第1章 绪 论

1.1 生态安全的产生与沿革

1.1.1 生态安全概念的产生

安全是一个古老而新兴的概念，生态安全就是安全概念的演变结果之一。要充分地理解生态安全的来源首先需要明白安全概念的演变。本书将安全概念的演变划分为3个阶段：个人的安全——原始的安全；人群的安全——国家安全；可持续发展中的安全——生态安全。

个人的安全——原始的安全。安全概念产生最初是单纯地追求人类生存安全，关注人的自然属性。安全的概念一般被解释为不受威胁，没有危险、危害、损失。安全是人类生存的一种状态和需求，安全需求包括心理上与物质上的安全保障，是在人类生理需求之上的第二层次的基本需求（Maslow，1943）。联合国1948年的《世界人权宣言》指出，"任何人都有生存、自由和个人安全的权利"，把安全作为人的一项基本权利来维护。此时，安全的概念只是针对人类个体本身来说的，是指人的身心免受外界不利因素影响的存在状态（或称健康状态）及其保障条件（赵云胜和罗中杰，1994；刘潜，2001；李升友等，2001）。

人群的安全——国家安全。伴随着人类对自身认识的加深，在安全的理念里逐步融入人的社会属性，从个人身心的安全扩展到维护人的社会因素和组成的安全：国家安全。这是个宏观尺度的安全，国家安全是维护个人安全的基础，在国家安全中对于防止战争、冲突和混乱以及减少灾害造成的后果构成安全的主要内容，从广义上来说，此时的安全等同于和平。为避免战争或冲突的发生，维护和平，一切与之相关的内容都包含到这种安全的概念中。安全成为人类个体或组织的生存免受威胁的状态（邝杨，1997），在此基础上可以将安全分为两种（蔡守秋，2001）：第一种安全（英文可以用 Safety 表示）主要是针对人类健康和生产技术活动而言，指对人的健康没有危险、危害、损害、麻烦、干扰等有害影响；而另一种安全（英文可以用 Security 表示）主要是对人为暴力活动、军事活动、间谍活动、外交活动等社会性、政治性活动以及社会治安与国际和平而言，前一种安全是对个人的安全，而后一种安全是针对群体、国家和社会，甚至国际的安全。

可持续发展中的安全——生态安全。20 世纪 70 年代，伴随着环境变化对人类生存产生的威胁，安全的内涵开始超出传统军事和政治意义，向环境、经济、资源和粮食等多方面发展。联合国发展署（UNDP，1994）认为安全的概念是一个"综合的"（integrative），而不仅仅是一个"防御的"（defensive）概念，人类安全应当包括以下 7 个方面的内容：经济安全、食物安全、健康安全、环境安全、人身安全、社区安全和政治安全。安全的概念不再局限在军事形式，而是包括其他诸如潜在的经济、生态、社会、人类健康以及中央政府关注的环境与人民谋生方式等方面（Kullenberg，2002）。联合国裁军和安全委员会（IHDP，1999）对集体安全（collective security）和共同安全（common security）做了区别：前者指的是传统的国家间的军事安全问题，而后者指的是日益增多的非军事威胁，包括经济压力、资源缺乏、人口增长和环境退化。环境专家莱斯特·布朗在 1981 年的一本著作《建立一个持续发展的社会》中，专门辟出一节"国家安全的新定义"，指出："目前对安全的威胁，来自国与国间关系的较少，而来自人与自然间关系的可能较多。"生态系统恶化成为影响人类生存、导致人类冲突的重要原因，生态安全在全球安全中占据相当重要的地位。

世界环境与发展委员会（WCED）1987 年的报告《我们共同的未来》中明确指出："安全的定义必须扩展，超出对国家主权的政治和军事威胁，而要包括环境恶化和发展条件遭到破坏。"安全的定义在可持续发展的要求下融入对生态环境的考虑。随之出现了众多研究生态环境变化与人类安全的研究项目，例如美国 Woodrow Wilson International Center for Scholar（Woodrow Wilson International Center for Scholar，2004）的"环境变化和安全项目"（Environmental Change and Security Project，ECSP）的系列报告（1995—2002）；加拿大全球变化计划（Canadian Global Change Program，CGCP）关于环境与安全的研究报告（CGCP，1996）；德国外交部、环境部、经济合作部的《环境和安全：通过合作预防危机》（Environment and Security：Crisis Prevention Through Co-operation，2000）。国际全球环境变化人文因素计划（International Human Dimension Program of Global Environmental Change，IHDP）的全球环境变化和人类安全（Global Environmental Change and Human Security，GECHS）（IHDP，1999）。对于生态安全的研究成为解决环境变化与人类社会发展矛盾，实施可持续发展的一个重要内容。

20 世纪 90 年代末，生态安全研究开始在中国兴起。生态安全在中国提出伊始就与国家安全、生态环境保护和可持续发展密切相关。被认为是人类社会发展至今产生的一种新概念，也是对传统安全的一种扩展（曲格平，2002），认为生态安全不仅是当前地理学、资源与环境科学，而且也是生态学的前沿任务和主要的应用领域（Xia et al, 2001）。曲格平从两个方面解释生态安全：一是防止生态环境的退化对经济基础构成威胁，主要指环境质量状况和自然资源的减少、退化，削弱了经济可持续发展的支撑能力；二是防止环境问题引发公众的不满，特别是导致环境难民的大量产生，影响社会稳定（邹长新和沈渭寿，2003）。2000 年 12 月 29 日国务院发布的《全国生态环境保护纲要》在"全国生态环境保护的指导思想和基本原则"中首次明确提出了"以实施可持续发展战略和促进经济增长方式转变为中心，以改善生态环境质量和维护国家生态环境安全为目标"（中国国务院，2000）。2000—2005 年开展的国家重点基础研究发展规划项目——长江流域生物多样性变化、可持续利用与区域生态安全的研究就是围绕生物多样性和生态安全开展的（Zhao，2000）。目前在中国与生态安全相关的还有国土安全、粮食安全、水安全、资源安全、大气安全和生物安全等（傅泽强和蔡运龙，2001；夏军和朱一中，2002；陈家琦，2002；张雷和刘慧，2002；孟旭光，2002；邹长新和沈渭寿，2003；卢昌义，2005），其中也有人认为生态安全与环境安全一致（叶文虎和孔青春，2001；蔡守秋，2001）。

1.1.2　生态安全与生态伦理学

人类对于安全需求的标准根源于人类意识对外界客观世界的反映和接纳程度，同一种事物对不同人来说可能是安全的，也可能是不安全的，造成对安全认可的程度更是没有严格的界限划分，很难用精确的尺度来刻画（刘普寅和吴孟达，2000）。因此人类对安全的认识是一个典型的模糊认识，安全的概念属于典型的模糊概念。生态安全概念的模糊性与人类对外界客观世界的认识是紧密相连的，因此在考虑生态安全时，必须要考虑人类是如何看待生态系统的，即人类认识和对待生态系统的态度，了解生态伦理学的演变。

生态伦理学是现代生态科学和社会伦理学的交叉学科，是关于人和自然的道德学说，是研究如何对待生态价值，如何调节人与生物群落之间、人与环境之间关系的伦理学说。生态伦理学的核心思想是尊重生命和自然界，它所要处理的是人对与自己的生存密切相关的地球上其他物种和自然界抱什么态度的问题。生态伦理学把道德研究从人与人关系的领域扩大到人与自然关系的领域，研究人对地球上的生物和自然界行为的道德态度和行为规范（程立显，2000）。生态伦理学作为一门研究人类与自然界道德关系的伦理学分支，形成于 20 世纪中叶的西方工业化国家，主张把道德行为的领域从人与人、人与社会领域扩大到人与自然之间，而生态安全概念的沿革同样也遵循着这一过程。西方生态伦理学的发展可以说是西方自然环境保护运动的产物，并且随着环境保护运动的发展而发展。西方生态伦理学的发展历程可以分为 3 个阶段（傅华，2002）。

19 世纪下半叶到 20 世纪初，是西方生态伦理学的孕育阶段。在此期间，随着现代工业的蓬勃发展，城市环境、自然资源以及野生生态系统受到了严重的污染和破坏。人们开始重新审视人与自然之间的关系，逐渐形成人类中心主义生态伦理学，认为在人与自然的关系中，人是主体，自然是客体，因而作为主体的需要和利益是制定生态道德原则和评价标准的唯一根据。人对非人类的动物、植物乃至整个自然界的关切完全是从人的利益出发，自然对人类来说，只具有工具价值。

20 世纪初到 20 世纪中叶，是西方生态伦理学的创立阶段。在此期间的两次世界大战，不仅严重破坏了许多国家的经济，也直接或间接地严重破坏了有关地区的自然生态环境，同时也加剧了帝国主义国家对自然资源的掠夺式开发。人们进一步审视人与自然的关系，在更高层次上要求把环境问题与社会问题联系起来，同时开始抨击人类中心主义，主张自然中心主义。A. 利奥波德的《大地伦理学》第一次系统地阐述了自然中心主义的生态伦理学，认为新的伦理学要求改变两个决定性的概念和规范：一是伦理学正当行为的概念必须扩大到对自然界本身的关心，从而协调人与大地的关系；二是道德上的"权利"概念应当扩大到自然界的实体和过程，并赋予它们永续存在的权利。

20 世纪中叶到现在是西方生态伦理学系统发展的阶段。在此期间，由于人口爆炸、世界各国相继走上了工业化道路、农业机械化和化工产品的大量运用以及城市化的迅猛发展等原因，全球性的生态环境危机日益严重和日益普遍，这就促使越来越多的人质疑传统的经济发展模式，反思人与自然的关系，检讨人类对待自然的态度和行为。生态伦理学从理论研究向实际应用扩展。1975 年，美国哲学家罗尔斯顿发表一系列论文和两本专著（刘湘宁，2005），分别是《哲学走向原理》（1986 年）和《环境伦理学：自然界的价值和人对自然的责任》（1988 年），建构了环境伦理学的理论框架。推动可持续发展概念产生的名著《寂静的春天》（Silent Spring Carson，1962）也是此期间生态伦理学的代表作之一。此阶段生态伦理学分化出许多各具特色的甚至是相互对立的理论学派，围绕着生态伦理学的基本问题，展开了激烈的争论，从不同的方面或角度推动了西方生态伦理学的繁荣和发展，也从不同的方面和角度推动了西方环境保护运动的深入发展。

国内对生态伦理学的引入和研究开始于 20 世纪 70 年代，最初是以翻译和引入西方的经典著作为主。20 世纪 80 年代，国内的学者在整理和解读西方相关资料的基础上，对国内生态伦理学理论和实践中的一些问题进行反思。1981 年，中国生态学会提出，"生态学方法不仅应用于生物科学、地球科学，而且应用于人类生态学和伦理学"，为我国的生态伦理学奠定了科学基础（余谋昌和王耀先，2004）。20 世纪 90 年代至今，国内生态伦理学研究的主要内容是在批判继承和整合西方各派生态伦理学的基础上，结合我国的国情和传统文化，努力构建具有中国特色的生态伦理学体系，用于指导生态环境保护运动。由于国内生态伦理学研究发展时间较晚，仍存在一些问题，例如国内对生态伦理学和环境伦理学的区分不明确（李霁和李培超，2000），生态伦理学的实际应用作用还不明显。

生态安全的内涵很大程度上体现了生态伦理学的研究内容，生态伦理学的基本原理是来源于生态学进化理论的协同进化，它要求使用有利于人类，有利于生态的双重尺度（余谋昌和王耀先，2004）。生态伦理学中的主要规范：保护环境，生态公正，尊重生命，善待自然和适度消费同样也是生态安全研究的主要内容和原则。生态伦理学中主要的流派可以分为人类中心主义和自然中心主义，也有人把自然中心主义具体分为动物解放/权利主义、生物中心主义和生态中心主义。人类中心主义认为，人只对人负有直接的道德责任，而自然中心主义则把这种责任扩展到动物、所有生命和整个生态系统。生态伦理学不同流派的观点很大程度上影响到生态安全的内涵。

1.1.3　生态安全的尺度问题

生态安全可以概括地理解为生态系统与安全的结合；生态系统具有明显的尺度性（蔡晓明，2000），这种尺度性主要体现在生态系统的空间范围上，从宏观的角度来看，生态系统可以从大尺度到小尺度划分为地球生物圈（Biosphere）、地区（District）、国家（Nation）；从中观尺度上，可以进一步分为区域（Region）、景观生态系统（Landscape）、单个生态系统（Ecosystem）；小尺度包括群落（Community）、种群/物种（Population）和个体（Organism）；从微观角度可以在进一步划分为个体器官（Organ）、组织（Tissue）、细胞（Cell）、有机物质（Composition）和基因（Gene）。当然从时间上也可以划分为长期、中期和短期不同研究尺度，可是时间尺度的划分通常受到研究目的和不同空间尺度生态系统本身特征的决定，因此时间尺度可视为对生态系统空间尺度的附属。

在不同的空间尺度，生态安全关注的问题或目标，研究的内容和方法是不同的。宏观尺度的生态安全研究通常考虑某种或几种全球变化产生的驱动力（Driver）和过程（Process）（温刚等，1997），以及包含人类社会在内的大尺度生态系统的响应（Response）（Walther et al，2002），例如联合国的千年评价计划（Millennium Ecosystem Assessment，MEA）（World Resources Institute，2003），世界气候研究计划（Word Climate Research Program，WCRP）、国际全球变化人文因素计划（International Human Dimension Program of Global Environmental Change，IHDP）、国际地圈生物圈计划（International Geosphere-Biosphere Program，IGBP）和生物多样性计划（DIVERSITAS）等（陈泮勤和孙成权，1992、1994；孙成权和张志强，1996）。国际之间的合作，多学科的交叉，以及社会科学融入自然科学是宏观尺度生态安全研究的重要特征。中观尺度的生态安全研究主要针对生态系统在压力作用下的状态变化以及响应，例如景观生态安全格局研究（关文彬等，2003），针对某种生态系统的安全评价（林彰平和刘湘南，2002；吴豪等，2001；关文彬等，2003），生物入侵以及单个物种的生态安全保护（Metz et al，1998；俞孔坚，1999）成为该尺度生态安全研究的主要内容。微观尺度的生态安全集中在生物安全、转基因食品安全（Samersov and Trepashko，1998；孙彩霞等，2004）等方面，研究的内容是生物生化状态的变化及其可能对人类带来的威胁。

生态安全研究的尺度问题还集中体现在不同尺度生态系统进行研究所采用方法的不同，此部分内容在第 2 章中（见与生态安全评价相关的几种评价方法）再作具体分析。

1.2　生态安全的内涵解析

1.2.1　生态安全的定义

国内外研究对生态安全的概念至今还没有统一的定义，但总的说来生态安全概念可分为广义和狭义两种，前者指人类和自然组成复合生态系统的安全，后者指自然生态系统的安全，即自然生态系统保持成分健康、结构完整和功能正常。以下是国内外对生态安全几个有代表性的定义。

（1）1989 年，国际应用系统分析研究所（IASA）（肖笃宁等，2002）在提出建立优化的全球生态安全监测系统时，首次明确提出了生态安全的概念，从广义上认为生态安全是指人们的生活、健康、安乐、基本权利、生活保障来源、必要资源、社会秩序和人类适应环境变化的能力等方面不受威胁的状态，包括自然生态安全、经济生态安全和社会生态安全，组成一个复合人工生态系统。狭义的生态安全是指自然和半自然生态系统的安全，即生态系统完整性和健康的整体水平反映。

（2）Costanza（1997）认为生态安全是任何一个区域进行资源开发必须遵循的可持续发展准则。

（3）吴豪等（2001）认为生态安全是指生态系统的健康和完整情况。从生态学观点出发，一个安全的生态系统在一定的时间尺度内能够维持它的组织结构，也能够维持对胁迫的恢复能力。它取决于人类的社会经济发展需求和生态环境利益的有机协调。

（4）肖笃宁等（2002）认为安全是风险的反函数，通常指评价对象对于期望值状态的保障程度，或防止非理想的不确定性事件发生的可靠性。生态安全可定义为人类在生产、生活与健康等方面不受生态破坏与环境污染等影响的保障程度，包括饮用水与食物安全、空气质量与绿色环境等基本要素。

（5）王根绪等（2003）认为生态安全是对生态系统完整性以及对各种风险下维持其健康的可持续能力的识别和研判，以生态风险和生态健康评价作为核心内容，并体现人类安全的主导性，生态风险识别和生态脆弱性是生态风险评价的构成要素，生态健康则表现在生态完整性、生态系统活力和恢复力三方面。

（6）马克明等（2004）认为生态安全是保护和恢复生物多样性，维持生态系统结构、功能和过程的完整性，实现对区域生态环境问题的有效控制和持续改善。

（7）崔胜辉等（2005）指出生态安全应是指人与自然这一整体免受不利因素危害的存在状态及其保障条件，并使得系统的脆弱性不断得到改善。它的本质一个是生态风险，一个是生态脆弱性。

其中国际应用系统分析研究所和 Costanza 对生态安全的理解明显是可持续发展概念的体现；吴豪和马克明的定义则偏重于生态健康；肖笃宁和王根绪的定义中则体现了生态风险和生态健康的结合；崔胜辉则认为生态安全的本质一个是生态风险，一个是生态脆弱性。

本书认为生态安全是指在外界自然或人为干扰条件下，生态系统保持自身组成、结构完整和功能稳定，从而保证对人类提供稳定、持续的资源和服务的动态过程。它包括了自然生态系统安全和人类自身安全两方面，其中自然生态系统安全是人类自身安全的前提和保障。生态安全不应该简单地理解为是一种状态，它是一个动态的过程。是在生态安全驱动力、压力作用下，生态系统产生状态变化，造成生态影响；为避免生态系统状态改变以及产生的负面影响，人类社会采取措施积极治理、维护、改善生态安全的一个环环相扣的过程。在生态安全概念的内涵中包含了生态压力（生态风险）、生态健康状态、生态影响以及人类社会在维护生态安全中的积极响应。生态安全是可持续发展概念的一个重要延伸，也是对可持续发展概念中对人与自然协调作用的一种理解，即相互之间保持安全的界限。它与生态健康、生态风险、生态脆弱性和可持续发展概念有着密切的联系，内涵相互之间重叠、交叉、包容。深入理解生态安全的内涵可以通过与几个相关概念的比较获得。

1.2.2 与生态安全相关的几个概念

1.2.2.1 生态健康与生态安全

健康的传统内涵是形容人体身心免受疾病或反常影响的状态，也可以理解为人的一切生理机能正常，没有疾病或缺陷。生态健康的概念是对传统健康概念的一种扩展。生态系统健康概念的提出从生态学角度看可以追溯到 20 世纪 40 年代。1941 年美国著名生态学家 Aldo Leopold 首先定义了土地健康（Land health），认为健康的土地是指被人类占领而没有使其功能受到破坏的状况。1942 年新西兰出版了《Soil and Health》杂志，提出"健康的土壤—健康的食品—健康的人"（曾德慧等，1999）。Rapport 等 1979 年提出了"生态系统医学（Ecosystem medicine）"，旨在将生态系统作为一个整体进行诊断、评价；随后逐步发展形成了"生态系统健康"概念及其评价。Schaffer 等（1988）首次探讨了有关生态系统健康度量的问题，但没有给出生态系统健康的明确定义。Rapport（1989）首次明确论述了生态系统健康（Ecosystem health）的内涵，认为生态系统健康可通过活力（Vigor）、组织结构（Organization）和恢复力（Resilience）3 个特征来定义。Rapport 等（1998）又提出了一个展示了人类活动对生态系统变化及人类健康影响的框图（图1-1）。从图中可以看出，人类活动会胁迫生态系统健康，导致生态系统结构发生变化，进而影响到生态系统的服务功能，对人类健康产生影响，人类不得不又关注生态系统健康。可以看出生态系统健康与人类活动和社会需要密切相关。

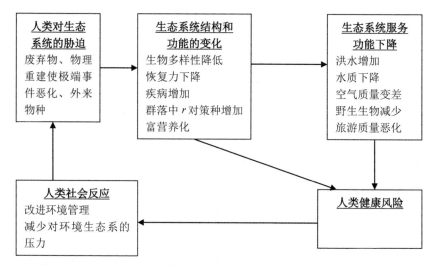

图1-1　人类活动与生态系统健康之间的关系（Rapport et al, 1998）

由于生态健康研究兴起于 20 世纪 80 年代末，至今发展时间不长，到目前为止生态健康的概念仍在不断完善和演变。

Rapport（1989）认为生态系统健康是指一个生态系统所具有的稳定性和可持续性，即在时间上具有维持其组织结构、自我调节和对胁迫的恢复能力。

Costanza（1992）认为如果生态系统是稳定的和可持续的，即它是活跃的并且随时间的推移能够维持其自身组织，对外力胁迫具有抵抗力，那么这样的系统就是健康的。Mageau 和 Costanza（1995）在这一定义基础上补充系统活力（生产力）、结构和抵抗力等指标提出了有关生态系统健康的可操作性的定义。

Rapport 等（1999a）和 Karr（1999）进一步将生态健康的概念进行扩展，认为在健康状况下，生态系统能保持化学、物理及生物完整性，即在不受人为干扰的情况下，生态系统经生物进化和生物地理过程维持生物群落正常结构和功能的状态，还能维持其对人类社会提供的各种服务功能。

国际生态系统健康学会将生态系统健康学与生态系统管理相联系，定义为研究生态系统管理的预防性、诊断和预兆的特征，以及生态系统健康与人类健康之间关系的一门系统学科（曾德慧等，1999）。当一个生态系统的内在潜力能够实现它的状态稳定，遇到干扰时有自我修复能力以及以最少的外界支持来维持其自身管理时，这个系统就可以认为是健康的（肖风劲等，2002）。

从生态健康定义的演变过程可以明显地看到生态健康的内涵从人类健康概念转移到生态系统，从专门针对生态系统的研究又转向包含人类健康在内的扩展，再到与生态系统管理的挂钩。一方面说明了生态健康研究的深入和广泛；另一方面也印证了 Rapport 的观点："生态系统健康研究在自然科学、社会科学和健康科学之间架起了一座桥梁。"（Rapport，1989）。

这种桥梁的构建同时也丰富和促进了生态安全研究的发展。与生态健康概念的发展相似，生态安全的概念同样是由传统安全概念向生态系统转移形成的，所不同的是，生态安全的概念从一开始就形成了宏观和微观的两条发展路线，进而又与人类社会的健康以及生态系统管理相联系。生态健康从定义和研究内容上来说注重在外界压力下的生态系统健康状态变化，尽管在后来的发展中将这种生态健康变化与人类的健康相联系，但研究内容始终以生态系统的状态变化为中心。

生态健康定义的演变始终围绕什么是生态健康，什么样的生态系统才健康，但是世界上只有健康的生态系统，却不存在最优化的生态系统（Rapport et al，1999b），因此也就没有一个标准的健康生态系统蓝本作为评价依据。根本的原因是健康的概念本身，同生态安全一样，也属于一个模糊的概念，即判断健康的标准其实是以人脑作用机制为主导的，例如诊断一个病人的病情，不同的医生会产生不同的判断，尽管这种判断基于对病情客观体现的诊断，但是确定病情的严重程度确实需要人脑的判断决定。

生态健康要维持生态系统的正常状态，以及对人类社会服务功能的稳定。因此生态健康与生态安全在内涵上有很大的重叠。但是生态健康不能简单地等同于生态安全，因为生态安全的概念包含了对人类安全和生态系统本身安全两个方面，如果从人类安全为中心的生态安全判断标准来看，一个健康的生态系统未必是一个安全的生态系统，例如深海火山口形成的特殊生态系统本身运转正常，生态健康；但是人类却无法适应这种生态环境，因此对人类并不安全。另一方面一个不健康的生态系统未必不是一个安全的生态系统，典型的是人工控制的半自然和半人工生态系统，例如农田生态系统，如果单纯从生态健康角度来看，这些生态系统都是不健康、病态的，因为缺乏自身的抵抗力和恢复力，但是它们对人类却是安全的。如果从生态系统本身安全的角度，即生态伦理学提出的将人与自然生态系统平等看待，那么生态健康基本上可以视为生态安全，但是生态安全却不一定能视为生态健康，因为从医学的观点来看，安全级别要低于健康，即不威胁生命的情况下就是安全的，因此一个身患感冒的人没有医生认为他是不安全的，尽管他很明显不健康。

1.2.2.2 生态风险与生态安全

风险一般指遭受损失、损伤或毁坏的可能性。它存在于人的一切活动中，不同的活动会带来不同性质的风险，如经常遇到的灾害风险、事故风险、金融风险、环境风险等。风险通常定义为在一定时期产生有害事件的概率与有害事件后果的乘积（Megill，1977；Hertz and Thomas，1983）。生态风险就是生态系统及其组分所承受的风险。它指在一定区域内，具有不确定性的事故或灾害对生态系统及其组分可能产生的不利作用，包括生态系统结构和功能的损害，从而危及生态系统的安全和健康（毛小苓和倪晋仁，2005）。Kelly和Levin（1986）将生态风险定义为一个种群、生态系统和整个景观的正常功能受到外界胁迫，从而在目前和将来减小该系统内部某些要素或其本身的健康、生产力、遗传结构、经济价值和美学价值的可能性。

生态风险从环境风险（Environmental Risk，ER）的基础上发展而来。环境风险评价的出现是为了弥补20世纪80年代之前对于环境问题零风险处理的不足和局限，也反映了环境管理政策的转变（曹洪法和沈英娃，1991）。环境风险评价与生态风险评价的不同反映在前者风险的承受者是人类健康，也可以称为环境风险与人类健康评价；而后者则扩展为自然生态系统及其成分。

生态风险的概念很清晰，因为风险可以通过概率和结果来明确表示；尽管生态风险仍存在一定不确定性，但与生态安全和生态健康所含有的模糊概念不同，生态风险中涉及的两个要素——概率和结果都可以通过客观的测量来评价。因此从这一方面来说生态风险更多的是一种管理方法，它是研究具体某项或多项压力对人类健康或生态系统及其要素健康的危害程度。

生态风险和生态健康的区别是明显的，前者注重生态压力的作用，后者注重生态状态的变化。生态健康中健康状况的诊断被借用到生态风险的评价终点（Assessment endpoint）暴露分析中，但是生态风险进一步明确了压力产生的概率问题。与生态健康的研究内容不同的是生态风险通常针对单个类型的生态系统或是生态系统中的某个成分，包括人，对更大尺度的或整个生态系统的研究很少。

一般认为安全和风险互为反函数（肖笃宁等，2002），生态风险越小，生态安全程度越高，这种解释的确简单地阐明了生态安全和生态风险内涵之间的部分联系。但是生态风险包含于生态安全内涵之中，只是生态安全的部分内涵，生态风险中的不确定性是随机性产生的，因此与生态安全包含的模糊性质不同，因为后者的不确定性还来源于人类认识的模糊性。换句话说生态风险只能针对可以确定概率和危害结果的安全问题进行讨论，但是一旦涉及在何种程度损害生态系统的健康状态时，生态风险评价就难以定论了。从分析方法来看，生态风险评价综合了多学科的知识和方法，如果在生态风险评价中评价终点的选定、暴露分析以及风险表征的分析阶段纳入生态安全和生态健康的模糊评价，那么生态风险评价可以很大程度上作为生态安全评价的方法使用。尽管如此，生态风险毕竟只是针对单个或几个生态终点的生态压力—响应机制的分析展开的，而且在评价中忽视社会、经济以及生态变化等潜在压力对生态系统的作用（Marafa，2002）（这种作用是难以通过压力—响应的暴露分析来实现），因此并不能全面地分析生态安全，具体原因见第 2 章中对生态评价方法与"驱动力—压力—状态—响应力"（DPSIR）分析模型关系的论述。

1.2.2.3 生态脆弱性与生态安全

脆弱性的概念最早出现在 1981 年地学研究领域（Timmerman，1981），20 世纪 80 年代起，随着世界范围内防灾、减灾实践的深入，国际灾害学界开始重视人类社会经济自身存在的脆弱性在灾害形成中所起的作用。脆弱性不是短缺或匮乏，而是指面临危险、冲击和压力时表现的抵御力的不足、不安全和易受灾的程度（Roborts 和杨国安，2003）。灾害学界认为脆弱性是安全性的对立面，脆弱性增加，安全性降低；脆弱性越强，抗御灾害和从灾害中恢复的能力就越差。Kenneth（1997）进一步将脆弱性研究扩展到自然、技术、人为灾害的各个领域和减轻灾害的各个环节，认为任何灾害的形成都存在四方面的影响因素，即致灾因子（Hazards）、脆弱性和适应性（Vulnerability and adaptability）、危险（灾害）的干扰条件（Intervening conditions of danger）、人类的应对和调整（Human coping and adjustments）。

脆弱生态环境是个宏观概念，无论其成因、内部环境结构、外在表现形式和脆弱度如何，只要它在外界的干扰下易于向环境恶化的方向发展，就都应该视为脆弱生态环境（冉圣宏等，2002）。在 20 世纪 80 年代实施的全球生物圈计划（IGBP）中明确提出了生态环境脆弱带（Ecotone）的概念（牛文元，1989），生态脆弱性评价专注于生态系统及其内部要素易于受到影响和破坏，并缺乏抗干扰、恢复初始状态（自身结构和功能）的能力。与脆弱性相近的词语还有敏感性（Susceptibility），易损性（Frangibility），或不稳定性（Instability）等（商彦蕊，2000）。

到目前为止脆弱性的内涵仍存在很大的争议。IPCC（IPCC，1997）在评价世界主要地区的自然与社会系统对气候变化的脆弱性时，将脆弱性定义为自然或社会系统对气候变化持久危害的敏感程度。瑞典斯德哥尔摩环境研究所和克拉克大学在构建脆弱性分析框架时把脆弱性概念定义为对群体容忍潜在灾难的全方位的测度（Roborts 和杨国安，2003）。这种对脆弱性的面面俱到的理解需要对群体结构和环境进行从个体贡献到全球环境变化的全面、彻底的分析。Clark 等（2000）在探讨脆弱性和全球环境变化时，指出脆弱性应包括三个不同的方面：暴露程度（Exposure）、敏感性（Sensitivity）和恢复力（Resilience）

或适应能力（Adaptive capacity）。刘燕华和李秀彬（2001）对生态脆弱性作了较好的总结，认为脆弱性有三层含义：①它表明系统、群体或个体存在内在的不稳定性；②系统、群体或个体对外界的干扰和变化比较敏感；③在外来干扰和外部环境的胁迫下，该系统、群体或个体易遭受某种程度的损失或损害，并且难以复原。

目前脆弱性概念应包括暴露、敏感性和适应能力或恢复力3个方面的观点已为众多学者接受和应用，从脆弱性包含的这3个主要方面来看：暴露与生态风险密切相关，敏感性、恢复力与生态健康密切相关；敏感性是生态脆弱性的核心组成，敏感性体现了生态系统、群体或个体在应对外界压力下一些特征状态的反应。进一步说，生态敏感性是对生态健康诊断的内在因素。换句话说，生态健康注重生态系统在压力作用下状态改变的表现，而生态脆弱性是对这种生态健康状态变化的内部原因的探讨。正是生态系统本身成分、组织结构和功能决定了其对某种压力的脆弱性；当然这种脆弱性也只是相对于某种或多种压力产生的作用而言。因此，生态脆弱性可以理解为对生态安全问题产生的内部机理的研究，与此相对应，生态风险是对生态安全问题外部压力如何产生的研究。

生态脆弱性的研究目标与生态安全研究目标相似，可以分为针对自然生态系统脆弱性的研究和针对包含人类社会在内的复合生态系统的研究两种。前者主要是对生态环境脆弱带的研究，例如沙漠绿洲、极地苔原等人迹罕至，易受全球气候变化影响，难以恢复的自然生态系统；而后者则注重人类生存的生态系统如海岸带人口密集区、干旱区、人口聚居区等。从尺度来看生态脆弱性研究多注重全球变化和区域变化对人类社会和生态系统的影响，属于大尺度的研究，而生态健康和生态风险研究的尺度相对较小，在全球尺度下生态脆弱性的研究注重全球变化对人类及生态系统的威胁，可以等同于对生态安全的研究。

1.2.2.4 可持续发展与生态安全

20世纪后半叶，人类的生存安全遭到来自生态环境恶化和环境公害的威胁，促使人类对自身的发展模式进行深刻的思考，并寻找新的科学的发展理念。1983年，在环境与发展委员会发表的《我们共同的未来》（*Our Common Future*）报告中第一次明确提到可持续发展，其后可持续发展逐渐成为人们讨论的焦点。经过两次重要的联合国环境会议——1992年里约热内卢联合国环境与发展大会和2002年约翰内斯堡地球峰会，可持续发展已经在全球得到普遍的接受和赞成，成为全球各国和地区寻求未来发展的重要战略。可持续发展比较公认的概念是联合国环境署理事会第15届会议确定的，即可持续发展是指既满足当代人的需求而又不对后代人满足其需求构成危害的发展。这一概念从广义上讲，就是指在充分考虑时间和空间状态基础上的自然—经济—社会系统的持续协调发展。可持续发展概念的核心在于正确辨识"人与自然"和"人与人"之间的关系，要求人类以最高的智力水准与泛爱的责任感去规范自己的行为，去创造和谐的世界，表达了人类对未来社会的一种理性向往和追求。可持续发展的内涵非常丰富，几乎包括了人类科学的各个方面，当然生态学和环境学都是可持续发展的核心内容之一。

生态安全、生态健康、生态风险和生态脆弱性从概念产生的伊始或者发展的过程中都与可持续发展产生了密切的联系，并逐步融入可持续发展的内涵之中。人类对生态环境问题的考虑促使这些概念的出现，同样也促使可持续发展观念和理论在 20 世纪 80 年代的形成，这些概念的发展，进一步推动可持续发展理论和实践的深入。生态安全、生态健康、生态风险和生态脆弱性研究内容在尺度、方法互有重叠，但是却分别阐述了可持续发展内涵中涉及的不同方面：生态安全是协调可持续发展中人类与自然之间作用和关系的一个界限或某种动态的研究；生态健康是针对自然生态系统如何保持可持续发展的研究；生态风险是研究压力条件下对生态系统包括人类健康状态的影响；生态脆弱性则分析自然生态系统和人类社会在外界压力作用下产生状态变化的内部因素。

1.3　海岸带生态安全

1.3.1　海岸带范围的界定

海岸带是陆地系统和海洋系统的交界地带，海岸带包括紧邻海岸一定宽度的陆域和海域，兼具陆域和海域不同属性的环境特征，是地球上水圈、岩石圈、大气圈和生物圈相互作用最频繁、最活跃的地带（鹿守本和艾万铸，2001）。目前按照研究目的和内容对海岸带的界定有所不同。

Cicin-Sain 和 Knecht（1998）在研究海岸带综合管理时认为海岸带的范围应包括内陆流域、海岸线及独特的土地类型、近海海岸带和河口水域以及被海岸带影响或者影响海岸带的海洋；在一些情况下，海岸带区域将所有近岸海洋都包括进来。

《千年生态系统评价》中对于海岸带生态系统的界定是："大陆架以上（水深 200 m）的潮间带和潮下带，以及相邻的离海岸带 100 km 以内的内陆。"（World Resources Institute，2003）在此范围内包括了绝大部分海洋渔业生产量。

国际地圈生物圈计划中对海岸带的定义是由海岸、潮间带和水下岸坡 3 部分组成，其上限向陆是 200 m 等高线，向海是大陆架的边坡，差不多是 -200 m 等深线（IGBP/LOICZ，1995）。在这个范围内占有全球陆地面积 18% 的陆域，占海洋面积 8% 的海域（Cicin-sain and Knecht，1998）。

中国"全国海岸带和海涂资源综合调查"（《中国海岸带社会经济》编写组，1992）中规定，海岸带的宽度为离岸线向陆延伸 10 km、向海延伸至水深 15 m 等深线的区域范围。在工作中又确定海岸带的陆上部分的范围是"行政区划上拥有海岸线或河口岸线的县、（县级）市和（中央直辖市或地级市）市区"。

由以上对海岸带的界定可知，海岸带生态系统基本上包括 4 部分：内陆地区、沿海地区、沿海水域和近海水域。上述对海岸带的界定属于大尺度的界定，从更小尺度界定来说，任何包括海岸带 4 个组成部分的区域都可以成为海岸带。为了研究的方便，沿海省、市等行政单位划分单元也可以作为海岸带地区进行研究（东亚海域海洋污染预防与管理厦门示范区执行委员会办公室，1998），被管理的海岸带，其界限往往是人为确定的，不同的国家有不同的界限，而且多数是根据管理的范围，或出于便于管理的考虑而确定。

1.3.2 海岸带面临的生态安全问题

海岸带地处陆地和海洋两大生态系统的过渡带，受两者物质、能量、结构和功能体系的影响。一方面海岸带生态系统资源丰富、区位优势明显，是适合人类居住发展的理想区域；另一方面，受到来自海洋和陆地的扰动频率高，稳定性差，自然灾害频发，是典型的脆弱生态系统（牛文元，1989）。从资源角度来看，海岸带分布有肥沃的土地资源，拥有生产力极高的近海海域，蕴藏多种多样的石油、天然气、煤炭和金属矿藏，此外，海岸带为人类的经济贸易发展提供了优越的交通区位优势。但是海岸带同样面临着严重的生态安全问题：海岸带是侵蚀作用最剧烈的地带，也是地质构造最为活跃的地带。海洋是地球上位能最低的储圈，陆地上人为过程和自然过程产生的废物，最终都要进入海洋，而海岸带正是这一转移过程的必要途径。近年来由于人为开发利用海岸带的不合理和不可持续方式，海岸带成为一个人为的生态脆弱区（赵建华，2001）。对于开发活动相关的海岸带退化的全球评价表明，世界上 34% 的海岸带处于高风险，另外 17% 处于中等风险状态（WRI/UNEP/UNDP/WB，1996）。

从北面辽宁省的鸭绿江口算起，南达广西壮族自治区的北仑河口，我国自北向南拥有18 000 km 的漫长海岸线，还有 5 000 多个岛屿，其水陆交界带长度有 14 000 km 左右。在包括渤海经济区、长江三角洲经济区和珠江三角洲经济区等在内的海岸带区域内，集中了全国 70% 以上的大城市、50% 左右的人口和 55% 的国民收入（钟兆站，1997）。我国海岸带生态环境异常脆弱，内外力作用强烈，是我国三大灾害带之一（韩渊丰等，1993）。伴随着我国经济社会的发展，海岸带地区人类社会与生态环境之间的矛盾日益凸显，海岸带面临的生态安全问题也成为当前研究的热点。

钟兆站（1997）总结了我国海岸带自然灾害发生的特点，海岸带面临的主要自然灾害包括侵蚀和堆积、台风和风暴潮、地震活动、暴雨、赤潮和海冰。朱晓东等（2001）认为海岸带面临的灾害主要来源于全球变化和人为活动，前者主要体现在海平面上升和气候异常；后者主要是高度工业化、城市化，土地和水资源的过度利用，农、牧、渔业中过度围垦、过度砍伐、过度放牧、过度捕捞。福建省海岛资源综合调查研究报告（福建省海岛资源综合调查编委会，1996）中总结海岸带面临的自然灾害主要是地震、气象灾害（包括台风、暴雨、大风、干旱和寒潮）、台风暴潮、海岸侵蚀、海岸风沙和赤潮。陈宗团等（1998）总结了海岸带城市厦门面临的环境灾害，包括热带风暴与风暴潮、海岸侵蚀、干旱、地震、环境污染、赤潮富营养化、突发事件、海湾和港口淤积，以及工程诱发的灾害。

综上所述，海岸带面临的生态安全问题包括自然灾害和人为造成的生态环境破坏两方面，其中自然灾害来源于海岸带生态系统所处的独特地理位置和生态特征，人为灾害主要来源于人类对海岸带资源的无序、不合理开发利用。无论海岸带自然灾害还是生态环境破坏，具体又可以包括多个因素，构成海岸带生态安全的具体压力。

1.3.3 海岸带生态安全的特点

海岸带生态安全是指海岸带生态系统的生态安全，从研究的尺度上来说，海岸带生态系统可以分为全球海岸带、地区海岸带、国家海岸带、区域海岸带和具体海岸带生态系统类型等多个范围。本书认为海岸带生态安全是指在外界自然或人为干扰条件下，海岸带生态系统保持自身组成、结构完整和功能稳定，从而保证对海岸带生活的人类提供稳定、持续的资源和服务的动态过程。它包括了自然生态系统安全和人类社会安全两方面，其中社会安全包含了人类自身的安全。在研究海岸带生态安全的动态过程中，海岸带生态系统本身的特征赋予了海岸带生态安全一些特殊的内涵。

1) 自然灾害和人为破坏双重压力下的安全压力

海岸带面临众多生态安全压力，不仅来自自然界，同时也来自人类社会。两种来源的压力均对海岸带地区造成显著的影响，不可忽视其中任何一方面。自然界的压力以自然灾害为主，人类活动的压力主要以资源过度利用、环境污染、生态破坏为主。自然灾害和人为破坏两种作用有时还会相互影响。因此，海岸带生态安全研究首先须明确研究目标面临的具体的生态安全压力因素，并对其进行综合的评价。

2) 海陆交互作用下的生态安全

由于海岸带处于海洋和陆地系统的交界带，海岸带生态系统受到海洋生态系统和陆地生态系统的作用，但是海岸带生态系统并非两种生态系统的简单加合，海岸带具有独特的生态系统：潮间带生态系统、红树林生态系统等海岸带湿地生态系统。海岸带生态安全问题在不同海岸带地区呈现不同特点，有的主要来自陆地系统，有的主要来自海洋系统。在海岸带生态安全中必须同时考虑两方面，甚至三方面（包括海岸带湿地）生态系统健康状态，然后进行综合分析。

3）人类正负两种作用下的生态安全

由于海岸带生态系统同时又是人类密集活动的地带，人类社会与海岸带自然生态系统直接作用面广。人类既是海岸带生态安全问题的制造者，又是生态安全的维护者。人类活动造成海岸带生态安全问题的产生，同时人类又千方百计地避免生态安全问题的恶化，改善海岸带的生态安全状况。如何协调人类发展与维护海岸带生态系统，达到海岸带人类社会与自然生态系统的和谐并存，是人类实现可持续发展的目标，海岸带生态安全则是人类实现可持续发展的保障。由于人类的作用造成海岸带生态安全危机，但是人类又可以通过调节、约束自身行为改善和维护海岸带生态环境，从而保障海岸带生态安全。因此要注重人在海岸带生态安全中扮演的双重角色。

第 2 章　生态安全评估研究综述

2.1　生态安全相关的评价方法

由于生态安全相关研究是近些年才提出并发展起来的，目前专门以生态安全评价为名称的评价方法并不多见，并且主要集中在我国以及俄罗斯等东欧国家。但是与生态安全相关的评价方法却有很多，例如生态风险评价、生态健康评价、生态脆弱性评价和生态影响评价等，这些评价方法最早出现在西方发达国家，在我国也有了较好的应用实践，为生态安全评价模式的构建提供了良好的方法研究基础。一种评价模式形成的主要标志是形成成熟且通用的评价方法，而定量分析是评价方法成熟的重要因素。在对以下与生态安全相关的评价方法的综述中也包含了对该方法成熟和通用性的讨论。

2.1.1　生态风险评价方法

早在 20 世纪 80 年代末生态风险评价的程序和内容就基本确定（Norton et al，1988；Barnthouse and Suter，1988；Calabrese and Baldwin，1993），1998 年 4 月 30 日《生态风险评价导则》（Guidelines for ecological risk assessment）正式生效，认为"生态风险评价是评价当暴露于某个或几个生态压力时，对负面生态效应产生和出现的可能性的评价"（USEPA，1998），也可以是主要评价干扰对生态系统或组分产生不利影响的概率以及干扰作用效果（Lipton et al，1993）。从方法学角度来看，生态风险评价可以被视为一种解决环境问题的实践和哲学方法（Rubenstein，1975），或被看作收集、整理、表达科学信息以服务于管理决策的过程（USEPA，2002）。生态风险评价要利用环境学、生态学、地理学、生物学等多学科的综合知识，采用数学、概率论等量化分析技术手段来预测、分析和评价具有不确定性的灾害或事件对生态系统及其组分可能造成的损伤。它与一般生态影响评价的重要区别在于强调不确定性因素的作用，并在评价结果中体现风险程度（许学工等，2001）。生态风险评价中两个重要的组成因素是生态效应和暴露的表征分析，两者形成了整个生态风险评价程序的基础（USEPA，1998）。

以美国国家环境保护局（简称美国环保局）1998 年正式颁布的《生态风险评价指南》为例，生态风险评价通常可以分为 3 个阶段：问题形成阶段、分析阶段和风险表征阶段（图 2-1）。对生态系统及其组分的风险源调查，预测风险出现的概率及其可能的负面效果，并据此提出相应的舒缓措施（毛小苓和倪晋仁，2005）。美国学者 Barnthouse 和 Suter（1988）将风险评价概括为以下步骤：选择终点；定性或定量地描述风险源；鉴别和描述环境效应；采用适宜的环境迁移模型，评价生态风险暴露的模式；定量计算风险暴露水平与效应的相关性，综合以上得到最终的生态风险评价结果。

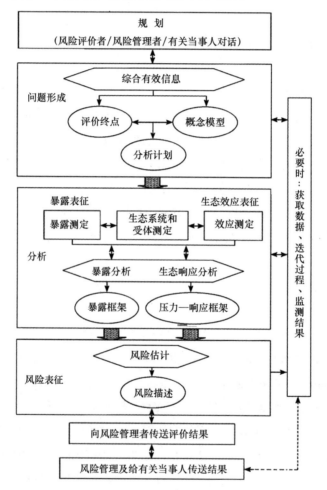

图 2-1 美国生态风险评价流程（毛小苓和倪晋仁，2005）

生态风险评价方法在欧洲和世界其他国家也有广泛使用，方法上与美国环保局 1998 年正式颁布的《生态风险评价指南》中的方法略有不同。例如 1995 年英国环境部要求所有环境风险评价和风险管理行为必须遵循国家可持续发展战略，并应用"预防为主"的原则，强调如果存在重大环境风险，即使目前的科学证据并不充分，也必须采取行动预防和减缓潜在的危害行为（UKDOE，1995）。荷兰房屋、自然规划和环境部（MHPPE）于 1989 年提出的风险管理框架中应用阈值（决策标准）来判断特定的风险水平是否能接受，利用风险指标，以数值明确表达最大可接受或可忽略的风险水平（MHPPE，1989）。

区域生态风险评价是生态风险评价在中尺度生态系统中的应用，强调不确定性因素的作用，所涉及的风险源和评价受体都有区域分异现象（付在毅和许学工，2001）。Hunsaker 等（1990）总结了区域生态风险评价的方法，其主要组成部分包括：选取终点；干扰源的定性和定量化描述；确定和描述可能受影响的区域环境；运用恰当的环境模型估计暴露的时空分布，定量确定区域环境中暴露与生物反应之间的相互关系。与生态风险评价方法中以生态毒理学为主研究生态效应的方法不同，在区域生态风险评价中融入了更多地理信息系统和模型的应用。

20 世纪 90 年代生态风险评价被引入我国，并被用于实践。殷浩文（2001）提出水环境生态风险评价的程序基本可分为 5 部分：源分析、受体评价、暴露评价、危害评价和风险表征。许学工等（2001）将区域生态风险评价的方法步骤概括为：研究区的界定与分析、受体分析、风险源分析、暴露与危害分析以及风险综合评价。朱琳和佟玉洁（2003）综合研究了我国进行的 7 个生态风险评价实例，并指出模型应用、不确定性分析和生物学效应研究在我国生态风险评价应用中有待提高。

2.1.2 生态健康评价方法

目前生态健康评价并没有既定或指导性的方法体系，生态健康评价是传统生态学研究的一种延续，按照类型其方法可以大致分为 3 种：指示物种法，实地分析法和指标体系法。

指示物种法主要通过物种相似性的比较进行评价，所选的物种一般都很单一。这种简单化导致了如果外界干扰在更高级的层次上对生态系统的结构和功能作用而没有造成物种变化，这一方法就会失效。

实地分析法通过把某研究地点实际的生物组成与在无人为干扰情况下该点能够生长的物种进行比较，从而对区域生态系统健康进行评价，较典型的是河流无脊椎动物预测和分类系统（RIVPACS）（Wright et al，2000）、澳大利亚河流评价计划（AUSRIVAS）（Hart et al，2001）的预测模型（Predictive models）方法。如该类方法首先通过选择参考点（无人为干扰或人为干扰最小的样点），建立理想情况下样点的环境特征及相应生物组成的经验模型。此后，比较观测点生物组成的实际值（O）与模型推导的该点预期值（E），以 O/E 的值对其进行评价。理论上比值可以在 0 到 1 间变化，比值越接近 1，则该点的健康状况越好。

指标体系法是生态健康评价目前最常用的方法。该方法通过对观测点的一系列特征指标与参考点的对应比较并计分，累加得分进行健康评价。指标体系法是不同生态系统或生物组织层次上多个指标的组合，所以能够反映一个生态系统的完整性。目前公认的指标体系是 Costanza（1992，1998）从系统可持续性能力的角度提出的描述生态系统状态的 3 个指标：活力、组织和恢复力及其综合评价（表 2-1）。活力可由生态系统的生产力、新陈代谢等直接测量出来；组织由多样性指数、网络分析获得的相互作用信息等参数表示；而恢复力则由模拟模型计算。

表 2-1　生态健康评价的各项测量指标

生态系统健康指标	相关的概念	相关的测量指标	起源领域	使用方法
活力	功能 生产力 生产量	初级总生产力、初级净生产力 国民生产总值 新陈代谢	生态学 经济学 生物学	测量
组织结构	结构生物多样性	多样性指数平均共有信息	生态学	网络分析
恢复力		生长范围 种群恢复时间 化解干扰的能力	生态学	模拟模型
综合		优势度生物整合性指数	生态学	

资料来源：肖风劲，欧阳华. 2002。

此外还有学者使用生态指数进行生态健康评价。Karr（1993）应用生物完整性指数，通过对鱼类类群的组成与分布、多度以及敏感种、耐受种、固有种和外来种等方面变化的分析来评价水体生态系统的健康状态。徐福留等（1999）提出使用活化能（Energy）、结构活化能（Structural energy）和生态缓冲量（Ecological buffer capacity）来评价生态系统健康。近年来，伴随着中大尺度生态系统的研究，生态景观分析指数（Patil et al，2001）也逐渐应用到生态健康评价中。

2.1.3　生态脆弱性评价

生态脆弱性评价（Ecological vulnerability assessment）和环境脆弱性评价（Environmental vulnerability assessment）至今已经在很多领域开展，例如：20 世纪 90 年代初开展的海平面上升和全球气候变化造成的环境脆弱性分析（IPCC，1992；Yamada et al，1995）；潮区石油泄漏脆弱性分析（Weslawski et al，1997）；区域内农药施用造成地下水污染的脆弱性分析（Loague et al，1994）等。但是正是由于脆弱性分析的宽泛基础导致至今为止还没有正规化、制度化的方法（Roberts 和杨国安，2003）。目前脆弱性分析常用的方法有两类：分散研究中广泛使用的指标体系法，以及专门组织研究中使用的模型或固定步骤的方法。

指标体系方法主要是围绕脆弱性的内涵，例如较常用的暴露程度、敏感性和恢复力，选择对应的指标，建立针对某种尺度生态系统的脆弱性分析指标，获得脆弱性指数，来表示分析结果（Villa and MCleod，2002）。

专门组织进行脆弱性分析时使用的方法目前常见的有两种。

1991 年，在研究海平面上升造成的生态脆弱性分析中，政府间气候变化专门委员会反应战略工作组海岸带管理分组（IPCC/RSWG/CZMS）出于对气候变化，海平面上升及其相关灾害的风险度分析，提出了一个《沿海地区海平面上升脆弱性评价 7 个步骤——共同方法》（IPCC，RSWG，CZMS，1991），包括：①评价区域描述海平面加速上升与气候变化边界条件详述；②分析评价的描述（包括自然系统数据和社会经济系统数据两部分）；③有关发展因素的确定；④物理变化及自然系统响应评价；⑤响应战略制定；⑥脆弱性评价及其结果的表述；⑦需求和行动方案的确定。在步骤⑥的脆弱性评价中通过构建指标体系分别考虑海平面加速上升引起的物理变化的敏感性（即有关社会经济和生态影响）和相应选择实施的可能性。杨华庭（1999）结合海岸带综合管理和脆弱性分析总结了国内外脆弱性分析及评价方法，包括管理试验的总结与分析、分析及评价模型（包括生物物理模型、经济学模型和联合系统模型）、经验对比研究、专家判断法和方法检验 5 种。

脆弱性分析不仅包括确立受灾程度的外在方面，还包括对群体面对灾害进行抵制或恢复的内在承受能力分析。关于脆弱性分析比较一致性的意见主要可以概括为受灾度（暴露程度）、敏感性和恢复力 3 个方面。其中，受灾度指一个地区或群体蒙受灾难或危险的程度；敏感性是一个系统对冲击或压力的反映程度；恢复力是一个系统面临冲击或压力时通过应付或适应避免损害的程度。瑞典斯德哥尔摩环境研究所和克拉克大学基于上述 3 个概念建立了一个全球、区域和地区不同尺度下，综合性的脆弱性分析框架，见图 2-2（Kasperson and Kasperson，2001）。该框架概括了社会、经济、政治和环境条件如何影响和规定脆弱性及其维度。另外，它还为群体提供了一个可操作分析方法，用来分析威胁群体的多重的、不断变化的冲击和压力，并提供处理措施和保护战略。

2.1.4 环境影响评价及其衍生的评价方法

环境影响评价可以上溯到 20 世纪 50 年代，根源于当时规划理论的发展，在 20 世纪 60 年代和 70 年代早期获得广泛的宣传。目前，环境影响评价已经在世界大多数国家开展，并且很多相关的法律法规和技术导则都已建立。环境影响评价法是目前世界上使用最广泛

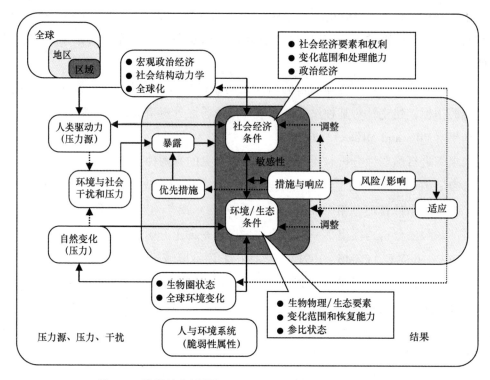

图 2-2　脆弱性分析框架（Kasperson and Kasperson，2001）

并且最受认可的环境评价方法，传统的环境影响评价主要是针对建设项目，在动工兴建前选址、设计以及在建设施工过程中和建设投产后或营运期可能对环境造成的影响进行预测和估计。俄罗斯等国的生态安全评价其实就是对环境影响评价的改进。

1）俄罗斯等国的生态安全评价

生态影响评价是环境影响评价的重要组成，近年来环境影响评价方法中越来越重视对生态的影响，俄罗斯及东欧一些其他国家称为生态安全评价的方法实际上就是在环境影响评价当中融入对生态影响的评价（Solovjova，1999；Trubetskoi and Galchenko，2004），见图 2-3。

2）我国的环境影响评价

我国早在 20 世纪 90 年代就发行了环境影响评价（Environmental Impact Assessment，EIA）的相关技术导则，并于 2003 年 9 月通过了《中华人民共和国环境影响评价法》。生态评价方法作为环境影响评价的一个主要组成部分在理论和实践中越来越受到评价人员和专家的重视。我国的环境影响评价技术导则中对非污染生态影响进行了较明确的方法规定（中国国家环境保护局，1997），见图 2-4。

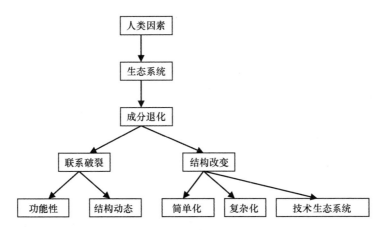

图 2-3　某个人类因素对生态系统影响的图示（Trubetskoi and Galchenko，2004）

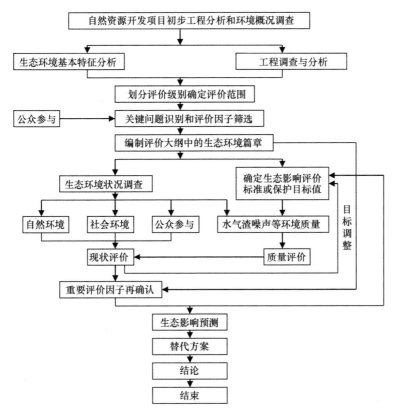

图 2-4　中国生态影响评价的技术工作程序

3) 战略环境评价方法

尽管环境影响评价在世界范围内得到了广泛的应用，但是在实践中也呈现出明显的缺陷，例如评价对象单一，介入评价时间太迟，评价范围太窄，评价方法过于集中在自然科学方面等。战略环境评价（Strategic Environmental Assessment，SEA）方法是对传统环境影响评价的扩展与改进，一般是对政策、规划和计划及其替代方案的环境影响进行规范的、系统的、综合评价的过程，包括根据评价结果提交书面报告和把评价结果应用于决策中（Therivel et al，1992）。目前对于战略环境评价的定义和方法仍存在很多讨论。Sadler（2003）把目前 SEA 的方法和程序概括为两种主要类型，通常称为从上至下（top-down）和从下至上（bottom-up）。

从上至下促进环境和社会的可持续发展的方法：

（1）在源头预测和防止各种影响。

（2）考虑和实施最佳的可行的环境方案。

（3）确保政策和规划与持续发展的目标和生态安全一致。

从下至上加强和改善 EIA：

（1）指明在 EIA 中的不能或很难反映的规划和政策事件的环境影响。

（2）从典型或其他空间相关的活动提早警示累积性影响。

对详细建议的潜在显著影响做预先的检测，减少 EIA 所需的时间和精力。SEA 针对的目标是决策层，可持续发展战略本身就是能促进决策过程的演变和发展的一种强大的推动力。实行可持续发展战略是战略环境评价的一个基础和推动力。根据与可持续发展相协调的原则，Sadler（2002）提出面向可持续性的全面综合的评价方法，见表2-2。

表 2-2　面向可持续性的评价——全面、综合的评价方法

目的	可用工具列举
经济评价	费效分析，偶然性评价
社会评价	社会影响评价，健康影响评价，倾向挑选法
环境评价	EIA，SEA，生态足迹法
综合工具	方案选择的评价，多标准评价
权衡和决策	鉴定谁是重要的，风险评价，协调竞争需求和偏好

资料来源：Sadler，2002。

2.1.5　其他评价方法

除了以上讨论的与生态安全评价相关的方法之外，国内还有一些在生态安全评价中常

见的方法，这些方法直接以生态安全评价为目标，仍处在探索阶段，而上述讨论的 4 种评价方法较为成熟，在国内外受到公认或者使用广泛。

综合指标体系法：根据生态安全的目标和内涵构建指标体系，一般分为总目标指数、分目标指标和实际操作指标 3 部分，通过操作指标的评价，根据指标体系的层次关系计算总的生态安全指数，来表示某个生态系统的状态。该方法也是目前国内进行生态安全评价最常使用的方法。吴国庆（2001）构建区域农业生态安全指标体系；王志琴和白人朴（2003）从资源承载安全、环境承载安全和生态格局稳定 3 方面构建生态安全评价指标体系，对小城镇的生态安全进行分析；刘硕（2002）以北方农牧交错带内蒙古扎鲁特旗为例，研究土地利用/覆盖变化及其对生态安全的影响。"压力—状态—响应"（Pressure-State-Response，PSR）及其相关模型较多用在生态安全评价指标体系的构建中（左伟等，2002；吴开亚，2003；王韩民，2003）。

景观生态学方法：俞孔坚（1999）提出生物保护的景观生态安全格局，通过景观生态安全格局分析作为捍卫生物安全、维护生态过程的相对高效的空间战略。马克明等（2004）提出区域生态安全格局的概念、理论基础、设计原则和方法，用于保护和恢复生物多样性，维持生态系统结构、功能和过程的完整性，实现对区域生态环境问题的有效控制和持续改善。关文彬等（2003）认为景观生态恢复与重建是区域生态安全格局构建的关键途径。角媛梅和肖笃宁（2004）利用景观分析指标提出了绿洲生态安全受沙地和盐碱沼泽胁迫程度的计算方法。

除此之外，徐海根和包浩生（2004）对自然保护区生态安全设计方法进行了研究，提出自然保护区网络设计应维持生态系统的地域完整性和生态过程完整性，采用迭代法、整数规划方法和地理途径方法，为一个或多个保护目标勾画出多种保护规划蓝图。2004 年，任志远等（2005）利用生态足迹对陕西三处地区进行生态安全评价。还有学者从法律和伦理的观点对生态安全进行了分析（罗正南，2002；杜婧，2003）。

2.1.6　生态安全评价相关方法对比分析

与生态安全相关评价的方法很多，分别从不同角度对生态安全进行研究，这些方法为建立成熟通用的生态安全评价模式提供了丰富的理论和实践经验；另一方面在吸纳应用这些方法时还须明确不同方法之间的差异，尤其是在实际应用上的不同。因此本书从应用分布程度、定量分析程度、模式化程度和评价尺度上对以上提到的主要生态安全评价方法进行对比分析，见表 2-3。

应用分布程度按照该评价方法在世界范围内使用的普遍程度划分为高（被世界上多数国家或科研机构使用和认可）、中等（被世界上部分国家或科研机构使用和认可）、低（局限在个别国家或科研机构内使用)。高和中等之间用较高表示，中等与低之间用较低表示。

表 2-3　生态安全评价相关方法对比分析表

评价方法名称	应用分布程度	定量分析程度	模式化程度	评价尺度
生态健康评价	高	一般	较高	中、大尺度
生态风险评价	高	高	高	中、小尺度
区域生态风险评价	中等	较高	中等	中尺度
生态脆弱性评价	中等	中等	较高	中、大尺度
环境影响评价	高	高	高	中、小尺度
俄罗斯生态安全评价	较低	较高	较高	中、小尺度
战略环境评价	中等	中等	中等	中、大尺度
生态景观分析法	低	较高	低	中尺度

定量分析程度按照该评价方法中使用定量分析方法的多少以及定量分析方法在整个评价中所起的作用划分为高（以定量分析为主，定性分析为辅）、中等（定量分析占有相当比重，但还无法单独使用定量分析直接作为评价结果）、低（以定性分析为主，定量分析为辅）表示，高和中等之间用较高表示，中等与低之间用较低表示。

模式化程度按照该评价方法制度化和通用程度划分为高（具有相关法规或导则）、中等（没有相关法规和导则，但具有较为固定的评价步骤和程序）、低（没有固定的评价步骤和程序），高和中等之间用较高表示，中等与低之间用较低表示。

评价尺度划分按照该评价方法适用的评价目标和评价范围——生态系统的尺度划分为大尺度（地球生物圈、地区、国家）、中尺度（区域、景观生态系统、单个生态系统）和小尺度（群落、种群物种个体水平）。

2.2　"压力—状态—响应"系列模型的产生和发展

2.2.1　"压力—状态—响应"模型及其演变

"压力—状态—响应"模型是用来分析环境问题时常用的分析模型。最早的 PSR 模型是 20 世纪 70 年代，由加拿大的一位统计学家（Anthony Friend）提出来的（The European Environmental Pressure Indices Project，2005）。后来该模型被经济合作和发展组织中的环境状态组（State of the Environment，SOE）采纳，建立了"压力—状态—响应力"模型进行环境评价（OECD，1993），用于全面地展现环境问题产生的逻辑（因果）关系。1997 年欧盟（The European Environmental Pressure Indices Project，2005）利用 PSR 模型实施《欧洲环境压力指标体系计划》（European System of Environmental Pressure Indices，ESEPI）。联合国可持续发展委员会（UNCSD）加入考虑非环境因素的作用（Bowen and Riley，2003），对 PSR 模型进行改进，提出"驱动力—状态—响应力"模型（Driver force-State-Response，DSP）构建评价指标体系。20 世纪 90 年代后期，为了更好地适应环境问题的复杂性以及进一步描述经济、社会等潜在因素对环境的影响，PSR 模型进一步发展为"驱动力—压力—状态—影响—响应力（Driving-Pressure-State-Impact-Response，DPSIR）"模型（OECD，1998）。PSR 模型及其演变模型在环境科学及其相关的研究中得到了广泛的应用。在具体的应用中可以按照不同的用途和研究目的对 PSR 模型及其演变模型进行进一步的改变，例如国内科学家（Zuo et al，2005）在研究三峡流域的生态安全时提出"驱动力—压力—状态—暴露—响应"分析模型（Driver-Pressure State-Exposure-Response，DPSER）。驱动力、压力、状态、影响、响应力的可以分别理解为：

（1）驱动力，指影响一系列相关变化（压力）的潜在因素，如大尺度的社会经济条件和管理体制改变；驱动力是生态安全问题产生的根本原因，由于人类和自然驱动力的存在，导致生态安全压力的产生。

（2）压力，指造成负面环境问题产生直接因素，如污染排放、湿地破坏等；理论上造成生态系统状态改变的压力可以分为自然作用力和人为作用力，在长时间尺度下，自然作用是造成状态变化的主要因素；中短时间尺度下，人类活动因素是造成生态系统组织、结构和功能产生变化的主要压力（Trubetskoi and Galchenko，2004）。

（3）状态，指环境的现状，在压力作用下能够观察到的生态系统成分组成、结构或功能变化，如环境质量、生态系统健康等，是生态系统对压力作用的直接响应。

（4）影响，指由于状态变化带来最终结果，一般是指可以严格通过社会经济价值衡量的变化，例如海洋生物疾病带来的价值损失、污染排放造成的渔业减产等；生态影响有时就是指生态变化，只不过是延迟发生的变化。

（5）响应力，指人类社会实施的解决环境问题的积极反馈。响应力是人类社会主动解决、减轻或预防生态安全问题的积极作用，是人类社会对驱动力、压力、状态和影响做出的正反馈，包括实现生态安全的各种具体措施和途径。

2.2.2 PSR 模型及其演变模型在实际应用中存在的不足

尽管 PSR 模型在评价环境变化、可持续发展以及绿色统计等方面发挥了重要的作用，而且为得到更大的适应性进行了多次改进，但是目前 PSR 模型及其演变模型（图2-5）在生态学研究中的应用仍不够深入，尤其是在用于评价时存在明显局限和不足。

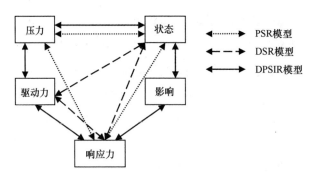

图 2-5　PSR 模型及其演变模型

（1）对模型中驱动力、压力、状态、影响以及响应力之间的具体联系缺乏深入的探讨，当然这也和 PSR 模型及其演变模型多用来构建评价指标体系的用途有关。

（2）对模型中状态的描述忽略生态系统本身对压力的抵制能力，通常生态系统状态对于压力作用具有自身的响应，表现为适应能力和恢复能力，而在模型中仅考虑压力作用下表现出来的生态环境改变因素。

（3）对模型中状态和影响的划分没有给出生态学的区分标准。因此在模型中状态和影响因子往往难以辨识和区分。模型通过经济价值衡量的结果作为影响，更多地考虑是对人类服务功能的损失，忽视状态改变造成的对整个生态系统的影响。

（4）对模型中响应力的描述和使用是该模型使用的弱点，PSR 模型及其演变模型的一个突出优势是它们明确地将人类对生态系统改变的驱动力和响应力放在同一分析框架下考虑，这样可以清楚地分析人类对生态环境作用的正负两种作用及其联系，并且方便有针对性地提出调解和约束人类与自然关系的措施。但是在模型的实际使用中响应力的研究仅停留在几个典型指标的评价，这些指标与驱动力、压力、状态、影响的作用关系被忽略。

2.2.3　DPSIR 分析模型与生态安全相关评价方法

"驱动力—压力—状态—影响—响应力"模型是对原有的"压力—状态—响应力"分析模型的扩展，很好地反映了人类活动—生态变化—人类响应之间的作用关系。之所以称之为分析模型，是因为该模型为研究人类社会和生态系统之间的相互作用提供了一个逻辑上合理，并且在实际应用中能够有效说明问题的简单途径或原理。目前经常使用的生态评价方法，如环境影响评价（EIA）、生态风险评价（EcRA）等，可以说是对该模型中某个或集合因素的具体体现，相互之间存在着密切的联系（图 2-6）。不同的生态评价方法体现了 DPSIR 分析模型中 5 个要素之间的相互作用。这种科学研究中的相互对应和支持，正好说明了 DPSIR 模型和现有生态评价方法的科学性；另一方面这种对应也有利于改进

DPSIR 模型和现有生态评价方法的理论和应用。

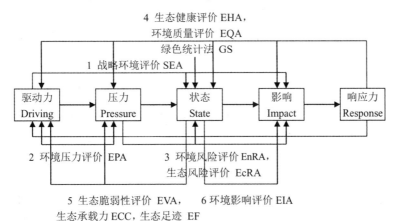

图 2-6　DPSIR 分析模型与生态评价方法的联系

驱动力与状态或影响作用的评价（D-S-I）：战略环境评价（SEA），是对人类社会中将要实施的法律、政策、规划和计划等决策性质的活动进行评价，预测其对环境，包括生态系统造成的影响。法律、政策、规划和计划是人类社会发展驱动力的集中表现，这些高层决策的实施将直接影响到人类社会对生态系统的压力变化，并由此改变生态系统的状态，造成生态影响。从另一方面来说，战略环境评价可以视为一种对驱动力的作用，一种政策评价方法；在没有造成生态系统状态改变和影响出现之间进行的战略环境评价，更像人类社会产生的自觉的自我约束。

驱动力和压力的自身评价（D，P）：环境压力评价（Environmental Pressure Assessment），是对人类社会中可能造成生态环境改变或不利影响的活动和作用进行评价的方法，主要是应用 PSR 或相关模型构建压力指标体系，典型的是欧盟实施的《欧洲环境压力指标计划》（ESEPI），构建环境压力指标体系。针对驱动力或压力对生态系统的影响，对驱动力和压力本身进行评价。这种评价方法并不研究生态系统的具体变化，只是通过经验或实验证明某项压力可能对生态系统要素造成的影响，因此环境压力评价更像是一种对压力作用的总结和描述。

压力与状态或影响作用的评价（P-S-I）：环境风险评价（Environmental Risk Assessment，EnRA）和生态风险评价（Ecological Risk Assessment，EcRA），两者都是针对压力对环境或生态系统造成的影响进行评价。通常只针对某个压力，有时也针对某几个压力，如区域生态风险评价。环境风险评价所针对的状态通常是人类健康，而生态风险评价的目标是生态系统的健康，一般采用生物终点表示该类型的生态评价研究压力和生态影响之间的作用机制，通常使用压力—响应（此处是生态响应）进行暴露分析，并利用该分析结果对未来压力实施后进行预测。所需注意的是风险评价是对概率性的影响进行评价。

状态自身评价（S）：生态健康评价（Ecological Health Assessment，EHA）和环境质量评价（Environmental Quality Assessment，EQA），前者是对生态状态的诊断评价，来源于生态医学，通过对生态系统的特征诊断（活力、组织力和恢复力）评价生态系统的健康状态。后者同样是对生态系统中环境或生物要素特征的评价获得对环境或生态系统状态的判断。从方法上来说两种评价均以指标体系为基础，即提取生态系统中典型的要素或特征来代表生态系统状态；但是前者多用于评价自然生态系统，而后者则多用于人周围的生态环境。此外，为体现生态系统产品和服务量的变化，满足可持续发展战略的要求，绿色统计方法（Green Statistics，GS）也逐步被推广应用，典型的代表是经过环境修订的绿色国内生产总值（Green Gross Domestic Product，GGDP）的统计。

状态对驱动力或压力的响应（S-D，P）：生态脆弱性评价（Ecological Vulnerability Assessment，EVA）、生态承载力（Ecological Carrying Capacity，ECC）和生态足迹（Ecological Footprint，EF），生态脆弱性评价专注于生态系统及其内部要素易于受到影响和破坏，并缺乏抗干扰、难恢复初始状态（自身结构和功能）的性质。生态承载力研究生态系统承载人类或生物的容量。生态足迹与生态承载力相反，研究人类或生物生存所需要的生态系统的产品或服务量。生态脆弱性评价将人类活动——主要是压力，包括部分驱动力因素——与生态系统的承受能力相联系，研究生态系统状态受到人为或自然干扰后的变化，以及变化的程度，从而评价生态系统对人为或自然干扰的脆弱性。生态足迹和生态承载力综合考虑人类或某个生物物种生存与生态系统提供的产品或服务之间的联系，定量地研究生态系统状态变化与人类或生物生存的联系。

状态改变与影响之间的作用（S-I）：环境影响评价（Environmental Impact Assessment，EIA），目前常用的或已经普遍实施的生态评价方法主要集中在此方面，通常研究某个或多个项目造成生态系统状态改变后产生的影响。按照状态改变与影响产生的范围尺度和作用性质内容，可以分为区域环境影响评价（Regional Environmental Impact Assessment，REIA）、综合环境影响评价（Integrated Environmental Impact Assessment，IEIA）、累积环境影响评价（Cumulative Environmental Impact Assessment，CEIA）或累积生态影响（Cumulative Ecological Impact Assessment，CEIA）。与生态风险评价相似，环境影响评价需要确立生态状态改变与影响之间的效应关系，并以此预测状态变化后产生的影响。也有人认为环境影响评价向决策高层的深入产生了战略环境评价。

响应力与驱动力、压力、状态和影响之间的作用（R-D，P，S，I）：响应力评价（Response Assessment，RA），评价人类调整自身活动以维护或改善生态系统状态的能力。目前没有专门的响应力评价，已有的评价集中在PSR分析模型建立的指标体系中，通过评价人类社会维护生态环境的措施来反映响应力。目前在环境管理中采用的环境政策评价（Environmental Policy Assessment，EPA）通常被认为是一种战略环境评价方法，而现行的多种政策评价、社会评价方法还没有深入到人类对生态系统反馈作用的研究中。

2.3　定量分析方法与评价模式的形成

2.3.1　生态评价中涉及的定量分析方法

所谓定量分析方法就是通过数量来分析展现客观事物的方法和技术。进一步说，定量分析方法就是利用数学的原理对客观事物及过程进行分析和表现的一种方法和途径。客观世界中，事物在量的表现上具有确定性和不确定性。针对确定性量的研究属于经典数学的研究领域；对不确定性量的研究又可以分为两个方面：随机性量的研究属于概率统计的研究领域，模糊性量的研究属于近代出现的模糊理论研究领域（图2-7）。以上讨论的对于量的研究均归属于数学研究范围，但是它的应用广泛延伸至物理、化学等理工学科，近代以来又逐步向经济学、管理学、环境科学、社会科学等领域延伸。马克思曾经说过，"一门科学只有成功地应用数学时，才算达到了完善的地步"。

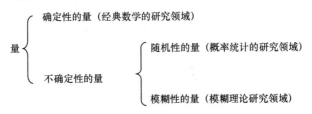

图 2-7　不同研究领域中量的分类

尽管定量分析方法的基础是数学，但由于各学科与数学结合的时间长短不同，利用数学原理各有偏重，其研究领域使用的定量分析方法也各不相同，并且在利用数学原理的深度上也不一致。一般来说越早与数学结合的学科，利用数学原理的程度越深。生态评价是一个多学科综合的交叉科学，其中覆盖了生态学、管理学和经济学等多个学科的研究内容。

1）生态学定量分析方法

生态学传统的定量分析方法主要是调查中使用的生物统计方法，例如使用统计学定量分析方法以提高野外采样的科学性，并且在实验中分析结果的准确性和可靠性。后来，在研究种群和群落生态时，利用生态指标（Ecological indicators）对种群和群落的一些生态特征进行指示，例如种群的结构、丰度、生物多样性指标等。一些经典的数学模拟方程，如描述种群增长的逻辑斯蒂（Logistic）方程和种群竞争的罗特卡-沃尔泰勒（Lotka-Volterra）模型也建立起来。近年来由于生态系统生态学的形成和发展，生态建模（Ecological modeling）和生态景观（Ecological landscape）中逐渐融入了系统分析、线性非线性代数、分形几何学等方面数学理论。利用数学方程对生态系统能流和物质循环以及具体生态系统运作的模拟成为研究的热点。

2）管理学定量分析方法

管理学作为一门学科开始于 20 世纪初，随着生产规模的日益扩大和分工的细化，要求生产组织高度的合理性、计划性和经济性，由此推动了管理科学的产生。生态学发展到今天，形成了一个重要的分支——生态系统管理（Ecosystem management），其中吸收了大量的管理学定量分析方法。管理科学中的定量分析与物理、化学和经济学中的定量分析有很大不同，这种定量分析方法使用的数字往往是对事物或概念的一种描述和代表，而不仅仅是具有数量的指示。1951 年美国著名统计学家斯蒂文斯开发了目前被广泛采用的测量层次分类法，认为在统计分析中可以借用 4 种不同层次的测量（表 2-4），对概念赋予数字，一旦成为数字，统计学方法就可以使用了。把概念转换成数字的过程，是统计学方法的第一步，称之为测量。同样的，定量分析中也常常将研究的对象转换成数字表示，然后再利用数学方法进行分析和展现。

表 2-4　定量分析中的测量层次划分

测量的层次	解释
1. 名义级	测量的最低层次，旨在区别、标志和分类个体或对象，从而指定数字。变量的取值仅具有穷举性和排他性两个性质，例如用 1 表示男性，2 表示女性
2. 顺序级	在名义级属性基础之上，再根据测量对象某种属性的值依次排序，以显示它们差别的一个测量层次。一般无法精确确定不同分类之间的差异。例如用 1、2、3 表示 3 次到达终点先后顺序
3. 区间级	分类之间确切的差异是可以确定的，不仅能反映类别的顺序，同时也能指示出类别之间的距离。例如用 10 秒、11 秒、13 秒表示 3 次到达终点的用时
4. 比率级	测量的最高层次，能够精确地代表事物的量化属性，允许对数字进行乘法和除法运算。例如，风险评价中用 100 万元代表可能的经济损失，用 0.3 表示风险发生的概率，两个数字的乘积可以表示风险的精确大小

在管理学中的定量分析方法主要是以运筹学（Operational research or Operations research）为代表，运筹学是为决策者提供决策目标和数量分析的工具，以实现最有效的管理；是广泛地应用现有的科学技术知识和数学方法，解决实际中提出的专门问题，为决策者选择最优决策提供定量化依据（胡运权和郭耀煌，2000）。基本特征是系统的整体观念、多学科的综合以及利用模型技术。运筹学研究内容主要包括线性规划、非线性规划、

动态规划、预测分析、层次分析、最优化分析、网络分析、排队分析和决策分析等。运筹学的很多方法被评价科学引入，如调查和预测方法、目标分析和决策方法，但就总体来说生态评价中对定量化分析的应用处在初级起步阶段。

3）经济学定量分析方法

传统经济学中的定量分析方法主要是对经济活动的模拟，在生态学中近年来也逐渐吸收了经济学的定量分析方法，比较经典的是生态承载力（Ecological carry ability）、生态足迹（Ecological footprint）和生态服务价值评价（Ecosystem services value assessment）。

承载力是从工程地质领域转借过来的概念，其本意是指地基的强度对建筑物负重的能力。生态学将此概念转引到本学科领域内，表示"某一特定环境条件下（主要指生存空间、营养物质、阳光等生态因子的组合），某种个体存在数量的最高极限"（王家曝等，2000）。生态足迹分析方法可以说是对生态承载力的进一步发展，生态足迹最初是由加拿大生态经济学家 William Rees 和 Wackernagel 在 1992 年提出，并且在 1999 年由 Wackernagel 进一步完善（Wackernagel et al，1999）。生态足迹法通过跟踪区域能源与资源消费，将它们转化为这种物质流所必需的各种生物生产土地的面积，即人类的生物生产面积需求。

生态服务价值评价：生态系统服务是指对人类生存和生活质量有贡献的生态系统产品（Goods）和服务（Services）。利用经济学中的货币单位对生态服务进行估价就是生态价值评价，1997 年 Costanza 等（1997）在《自然》杂志发表《世界生态系统服务和自然资本价值》文章，首次对全球生态系统服务价值进行评价。它较好地反映了自然资本的价值，尽管对于评价的结果还存在争论，但是这毕竟是一个很有用的定量数据，有助于说明生态系统对人类的重要性。

除了使用经济学中的货币单位对生态服务进行估价，有的学者还提出使用生态学本身的单位——能值，进行生态评价。能值分析是美国著名生态学家奥德姆（Odum）于 20 世纪 80 年代创立的，能值分析以能值（常使用太阳能）作为基准，把不同种类、不可比较的能量转换成统一标准来进行比较。应用能值这一概念和度量标准及其转换单位——能值转换率（Transformity），可以将生态经济系统内流动和储存的各种不同类别的能量和物质转换为同一标准的能值，进行定量分析研究（Odum，1995）。

2.3.2 定量分析方法对生态评价的意义

传统的生态评价都是以定性的描述为主，这也反映了当时生态学发展的状况。随着近年全球生态环境变化以及人类社会可持续发展的呼声高涨，当今对生态学的研究和应用日渐广泛和深入，生态评价作为应用生态学的一个重要分支以及生态系统管理的基础，对于定量分析方法的需求也越来越多。定量分析方法在生态评价中具有明显的优势，这些优势可以促进生态评价模式的形成和成熟。

1）定量分析方法比传统的定性评价具有明显优势

定量分析结果要比定性分析结果更加明确，生态评价结果用量化的方式展现，比通常用生态学的描述性语言更容易使人理解，并且方便非专业人士对评价结果的理解。

定量分析的结果有助于进行不同评价之间的对比，量化结果通常比定性结果更容易建立标准，这种标准在不同生态评价中能保持稳定，对于相同单位的量化结果的比较不存在障碍。

定量分析的方法有助于评价过程的反复操作性，在评价中量化的数据可以用来规范评价程序的具体操作，尤其是从评价过程的开始（原始数据收集）至结尾（评价结果产生）都能够用数量进行表示，不仅保障了原始数据所提供信息的高效利用，而且便于评价过程的反复开展和相互比较。

定量分析有助于深入生态评价的研究内容，利用数学原理可以深入地展现和解释复杂的生态学现象，抽象出生态学原理。量化的结果为今后的进一步的量化提供前提，使得进一步的评价得以开展。

2）定量分析方法的使用推动生态评价模式成型与成熟

定量分析方法使生态评价的结果更明确，因此为生态系统管理具体决策的制定提供了更具操作性的科学依据，从而更容易被管理层和决策层所接受。

定量分析方法使不同生态评价之间可以相互比较，因此也方便不同生态评价之间的联系和补充，由此促进生态评价方法的完善。

定量分析方法提高了生态评价过程的反复操作性，因此提高了生态评价方法的公认性和广泛适用性，从而使生态评价方法普及应用。

定量分析方法促进生态评价的深入研究，伴随着生态学中利用数学程度的加深，为生态评价方法的进一步完善提供基础。

2.4 目前生态安全评价存在的不足

1）没有体现生态安全的完整内涵

生态安全是人类对客观存在的生态系统与人类社会之间相互联系的一种反映。安全本身就具有丰富的内涵，生态安全结合了生态健康、生态风险、生态脆弱性以及人类对生态系统反馈和可持续发展等相关概念。一个完整的生态安全评价模式应明确反映生态安全作为一个动态的过程，充分考虑生态安全压力（风险）、生态安全状态（脆弱性和健康），以及生态安全响应力（人类社会维护生态安全的反馈）等多个方面。

目前就生态安全评价相关的方法来看，还是相当的分散，只注重生态安全内涵中的一个或几个方面，例如，生态风险评价注重分析生态压力的产生及其对生态系统的影响，生态健康评价注重生态系统本身组分、结构和功能保持正常健康的状况，生态脆弱性分析则注重分析生态系统对外界压力的敏感程度。PSR 及其衍生的相关分析模型为综合已有评价方法，进行全面的生态安全评价提供了合理的逻辑结构，但是目前对 PSR 及其衍生的相关分析模型在生态安全评价中的应用还停留在简单的指标体系构建层面，且没有有效地融入生态健康评价、生态风险评价中。

2）没有形成稳定的生态安全评价模式

定量分析的使用是推动评价模式建立的重要因素。与生态安全评价相关的方法有生态健康评价、生态风险评价、生态脆弱性评价以及生态影响评价等，但就目前看只有生态风险评价具有成熟的评价模式，一个主要的因素是：除生态风险评价之外，其他生态安全评价中的定量分析应用不足，评价的结果还无法像生态风险评价一样进行较为可靠的量化分析，由此评价过程和结果缺乏对比性和反复操作性。

此外，没有主动吸收、综合生态健康评价、生态风险评价、生态脆弱性评价以及生态影响评价等方法，也是目前生态安全评价没有形成通用的评价模式的原因之一。生态健康评价、生态风险评价、生态脆弱性评价以及生态影响评价等方法为生态安全评价模式的建立提供了丰富的方法学依据，但是国内外进行生态安全研究时很少主动地将风险评价、健康评价与脆弱性评价相结合；而且忽视海岸带是受自然因素和人为因素双重影响显著这一事实，在评价中没有将自然科学与人文科学分析方法充分、有效结合。

3）缺乏对海岸带生态安全的综合评价

海岸带生态安全评价属于中尺度的区域生态安全评价范畴，海岸带是个典型的生态安全问题多发带，不仅是人类造成的生态压力，来自自然界的干扰，例如台风、风暴潮、地震等也直接对海岸带生态系统安全造成威胁。海岸带又是自然资源丰富，人类集中居住，开发活动密集的区域，人类活动既造成海岸带生态安全压力，同时也能够通过调节自身行为，保护海岸带生态系统健康。生态安全问题对海岸带可持续发展的重要性尤为突出。

目前世界范围内，对海岸带区域生态安全的研究并不多见，已有的多是单一的生态风险评价、生态健康评价或生态脆弱性分析，没有综合的生态安全评价，尤其是对人类社会维护海岸带生态安全的反馈还没有开展专门的研究，因此也就无法全面地阐述海岸带面临的生态安全的动态过程。在我国沿海经济持续高速发展，并逐步大力开发海洋的过程中，如何认识、分析和解决海岸带的生态安全问题是摆在所有管理和科研人员面前一项亟待开展的工作。

4) 中尺度生态安全评价的研究薄弱，忽视对典型因素的深入分析

当前对于大尺度生态安全的评价属于宏观评价，一般与政治、经济、文化甚至军事等方面综合考虑得较多。在环境科学和生态学研究领域内国内外生态安全的评价以中小尺度为主，已经具有成熟评价模式的生态风险评价的研究目标主要是小尺度的生态系统，针对中尺度生态系统的区域生态风险评价仍面临较多困难，例如解决多重压力的风险综合分析。

在中尺度的生态安全评价，即区域尺度的生态安全评价方法中主要是以综合指标分析为主，评价的结果通常是对整个区域生态安全状况的总体描述，其中对于典型的生态安全因素，如典型生态安全压力、关键生态健康状态缺乏深入的研究。因此对于生态安全问题产生的内部机理缺乏充分的论证和演示。有些地区的生态安全问题可能就是来源于某个或几个重要生态安全因素，例如白鹭是海岸带生态健康的一个关键物种，深入分析白鹭的生态安全可以有效地反映整个海岸带地区生态系统的安全状况。

第3章　海岸带生态安全评价模式构建

3.1　研究意义与背景

生态安全概念从20世纪90年代引入我国之后，相关研究发展迅速，受到越来越多决策者和科研人员的重视，是目前国内外的研究热点。生态安全是人与自然矛盾的突出表现，解决生态安全问题是实现可持续发展的重要手段和保障。对于海岸带而言，生态安全是实现人与自然和谐相处的基本目标。海岸带作为典型的生态脆弱带和人为活动密集区，也是我国城市群主要的分布地区，生态安全问题显著并且亟待解决，但目前对于海岸带生态安全的相关研究很少，而且较为分散，缺乏将人类经济社会发展与自然生态环境综合考虑的生态安全评价模式和案例研究。

生态安全评价要综合考虑自然和人为因素的作用，需要从生态安全问题形成的源头（驱动力和压力）、状态、影响和人类的响应等多个方面进行完整的分析和评价，这就需要构建一种评价的框架和模式。目前，生态安全评价作为生态安全研究的主要内容之一，仍处在发展阶段，没有形成公认和通用的评价模式。但是与生态安全评价相关的方法却有很多，例如生态风险评价、生态健康评价和生态影响评价等；这些方法有的已经成熟，并形成了通用的模式，为生态安全评价模式的研究奠定了方法学的基础。

伴随着厦门城市社会经济的快速发展，厦门海岸带的生态安全问题日益突出，台风、风暴潮、非点源污染、赤潮等生态环境问题成为阻碍厦门社会经济进一步发展的难题。针对这一情况，本书开展了针对厦门海岸带生态安全的评价案例研究。针对目前生态安全评价研究中存在的不足（见第2章），尝试提出合理的评价框架，作为一种评价模式，为我国其他地区海岸带可持续发展提供切实可行的科学依据。

3.2　研究目标

（1）借鉴生态安全相关评价方法，注重定量分析，建立海岸带生态安全评价模式；

（2）以厦门海岸带为实例，评价厦门海岸带生态安全压力、状态和响应力；

（3）分别选出厦门海岸带典型的生态安全压力和状态指标进行深入解析和评价；

（4）通过海岸带生态安全响应力研究，提出维护厦门海岸带生态安全的对策。

3.3　研究内容

（1）海岸带生态安全压力综合评价；

（2）典型生态安全压力分析——围填海对海岸带生态系统的影响；

（3）海岸带生态安全（健康）状态指标体系构建；

（4）厦门海岸带生态安全（健康）状态评价；

（5）典型生态安全状态分析——白鹭在海岸带的生态安全评价；

（6）海岸带生态安全响应力评价及对策分析。

3.4　研究技术路线

研究技术路线图如图 3-1 所示。

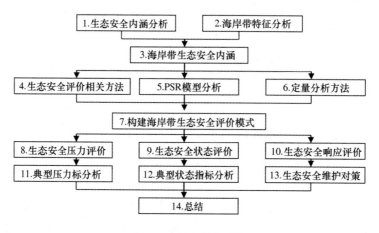

图 3-1　研究技术路线

步骤 1：对生态安全的内涵进行解析；

步骤 2：分析海岸带的人为社会特征和自然生态特征；

步骤 3：在前两步骤分析的基础上，提炼出海岸带生态安全的定义和内涵；

步骤 4：对目前国内外生态安全评价相关方法进行综述分析；

步骤 5：对 PSR 模型及其演变模型进行分析；

步骤 6：分析生态学、管理学和经济学等方面可借鉴的定量分析方法；

步骤 7：在步骤 4、步骤 5、步骤 6 分析的基础上，构建海岸带生态评价模式，包括步骤 8 至步骤 13；

步骤 8：海岸带生态安全压力评价方法的构建与厦门案例分析；

步骤 9：海岸带生态安全状态评价方法的构建与厦门案例分析；

步骤 10：海岸带生态安全响应力评价方法的构建；

步骤 11：海岸带典型生态安全压力分析——围填海对海岸带生态系统的影响回顾；

步骤 12：海岸带典型生态安全状态分析——白鹭的生态安全；

步骤 13：厦门案例分析及维护厦门海岸带生态安全的对策建议；

步骤 14：总结。

其中步骤 8 至步骤 12 分别有具体的研究技术路线，详见第 4 章至第 8 章内容。

3.5　海岸带生态安全评价模式构建

在总结海岸带生态安全的内涵（见第 1 章）以及国内外生态安全评价的相关方法研究（见第 2 章）后，本书认为海岸带生态安全评价是属于区域尺度上的综合生态评价。为了全面而且深入地对海岸带生态安全进行评价，本书提出以"压力—状态—响应力（PSR）"模型为框架的海岸带生态安全评价模式，认为海岸带生态安全评价要综合考虑海岸带生态安全压力、海岸带生态安全状态和人类社会对海岸带生态安全维护能力 3 个方面，并对生态安全压力、生态安全状态和生态安全响应力进行分别评价。针对不同的评价对象，根据和充分吸收现有生态安全评价的相关方法，尤其注重对定量分析方法的应用：压力分析借鉴区域生态风险评价的方法；状态分析借鉴区域生态健康评价方法；响应力评价吸收政策分析方法中的元素进行构建；并且针对压力、状态和响应力，选择典型指标进行深入分析，如图 3-2。在利用各种现有评价方法的基础上，本书进一步根据海岸带的实际情况进行适应性的改进，具体内容在以下各章节中有详细阐述。

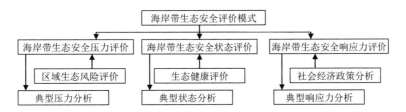

图 3-2　海岸带生态安全评价模式框架

第4章　海岸带生态安全压力评价案例分析

生态安全压力是指导致生态系统产生不正常变化的作用力，是造成生态安全问题的直接原因，包括自然灾害和人为破坏活动两大类。生态系统是人类社会赖以生存的基础，人们从生态系统当中获取必要的物质资料，并且享受由生态系统提供的各种服务。当生态系统受到胁迫时，会在能量流动、物质循环、群落结构和一般系统水平上产生变化，由此对生态系统自身的正常状态和人类的生存环境产生不利影响。

4.1　海岸带生态安全压力评价方法

海岸带生态安全压力分析的方法借鉴区域风险评价方法，并且使用定量分析方法对多重压力的3种内涵进行简化、评价，最后进行累积效应分析。具体步骤如下。

首先是生态安全压力鉴别，从相关管理部门和科研机构收集历史和现有资料，包括自然灾害和对海岸带产生重要影响的人类活动，整理归纳出海岸带面临的主要的生态安全压力。

然后对各项生态安全压力进行分析描述，制作海岸带生态安全压力内涵分析清单表。结合风险识别的方法，生态安全压力的内涵包含发生强度、发生范围和频次3个方面。强度指压力产生时对生态系统的破坏程度，范围指产生破坏力的范围，频次指产生的频率或几率。从危害强度（Intensity）、危害范围（Extensity）和危害频次（Frequency，对不确定发生的压力事件可理解为危害概率）3个方面对各项生态安全压力进行定量评价。

接着在赋予相应量化评价值的基础上，使用数学公式（4-1）评价各项压力：

$$P = I \times E \times F \tag{4-1}$$

式中：P 代表某项生态安全压力的综合评价值（压力大小）；I 代表该项生态安全压力的危害强度，E 代表危害范围，F 代表危害频次。对各项生态安全压力值（大小）进行计算，通过对比量化评价结果，得出海岸带面临的生态安全压力的大小和次序。

最后分析海岸带生态安全的累积性影响，分为空间累积和时间累积。针对空间累积，参考区域风险评价中的风险叠加，使用公式（4-2）进行评价：

$$S = \sum_{i=1}^{i=n} P_i \times W_i \qquad (4-2)$$

式中：S 代表某个海域承受生态压力的状态；P_i 代表该海域 i 项生态安全压力值；W_i 代表 i 项生态安全压力对该海域的影响程度，可根据各个海岸带区域所承受生态安全压力在空间上的分布和发生频次确定；n 代表该海域承受生态安全压力的数目。时间累积影响评价采用列表分析方法，分析各种海岸带生态安全压力在不同时段的累积作用。

4.2　海岸带生态安全压力评价——厦门案例

4.2.1　研究区域及划分

厦门海域的区域范围为厦门所管辖海域，北起大嶝海域，与泉州市交界；南至九龙江河口湾，与漳州市的龙海市为界；东与台湾省金门县相邻。根据以海定陆的原则，按照厦门海域行政划分边界对厦门海岸带进行划分，主要由西海域（西港）、同安湾、九龙江河口区、东部海域、南部海域和大嶝岛海域 6 部分组成；包括与海域相连的陆地地区、海域内的岛屿、海岸带湿地和部分临海围垦区，如图 4-1。

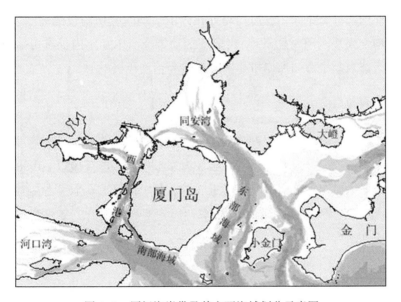

图 4-1　厦门海岸带及其主要海域划分示意图

4.2.2 生态安全压力描述

资料与数据主要来自《厦门海岸带综合管理》（东亚海域海洋污染预防与管理厦门示范区执行委员会办公室，1998）、《厦门市海岛资源综合调查报告》（厦门市海岛资源综合调查、开发试验领导小组办公室，厦门市海洋管理处，1996）、《福建省海岛资源综合调查研究报告》（福建省海岛资源综合调查编委会，1996）、《福建省海湾数模与环境研究厦门专题研究报告》（福建省海洋开发管理领导小组办公室，近海海洋环境科学国家重点实验室，厦门大学海洋与环境学院，2006）、1990—2000 年《厦门市环境质量报告》（厦门市环境保护局，1990—2000）、2000—2003 年《厦门市海洋环境质量公报》（厦门市海洋与渔业局，2000—2003）、2000—2004 年《厦门市环境质量公报》（厦门市环境保护局，2000—2004）、1990—2004 年《厦门市年鉴》（厦门经济特区年鉴编委会，1990—2004）。

4.2.2.1 自然生态安全压力描述

1）地震

厦门位于中国东南沿海强度最大、频度最高的泉州-汕头地震活动带中部，该地震带东强西弱、南北两端强、中间弱，厦门岛处在周围活动断裂切割包围的"安全岛"，宏观上可视为相对稳定地块。预测泉州-汕头地震活动带今后 100 年内仍有可能发生 6 级左右的中强地震，可能对整个厦门海岸带生态和经济生活产生影响。

2）台风、风暴潮

台风是产生在热带海洋上的一种强烈热带气旋，经常在 5—11 月影响厦门地区。台风可引起狂风暴雨、巨浪以及风暴潮灾害，破坏海岸带生态系统。1952—1990 年共有 184 个热带风暴和台风影响厦门地区，平均每年近 5 个，其中台风 136 个，占 78%。在厦门附近登陆的台风 24 个，平均每年 0.6 个。近年来台风频率有所上升，年平均可达 5.4 次。活动时间主要集中在 7—9 月，即夏季。

3）洪水

受台风、风暴潮影响，厦门地表径流增水发生率年平均 5 次左右，50 cm 以上年平均2.2 次。多年平均每五年一次特大洪水。厦门因暴雨引起洪涝灾害的机会比较少，一旦发生危害很重，造成水土流失和生态破坏。从 1952—1990 年数据观察，集中在 4—9 月，以7—8 月最多。

4）旱灾

厦门地区降水偏少，淡水资源不足，旱灾是重要的灾害性天气，对厦门海岸带生态系统和厦门社会经济产生比较强烈的干扰。厦门的干旱按季节可分为春旱、夏旱和秋冬旱 3 种，根据危害程度可分为小旱、旱、大旱和特旱 4 种。其中大旱、特大旱灾每 1.2 年一次。本地区夏旱最为突出，多年平均夏旱发生率达 79%，春旱发生率为 63%，秋冬旱发生率为 55%。

5）海岸侵蚀

厦门海岸侵蚀现象相当严重，约有一半以上海岸遭受不同程度的侵蚀或后退，严重侵蚀破坏了海岸原有的景观，并且对原有近岸生态系统产生一定影响。受强烈侵蚀的土崖岸段，主要发生在受强劲东北风浪侵袭的北岸和东北岸，厦门西港西岸和同安湾西岸岸段侵蚀也很严重，蚀退率达 1~2 m/a。砂质海岸的侵蚀主要见于厦门岛东岸、东南岸。海沧吴冠、大嶝南部等海岸侵蚀严重，蚀退率达 1~2 m/a。

6）海雾

雾是一种大气凝结现象，福建海洋地区的海雾多为平流雾，是由暖湿空气流经冷的海面时水汽凝结而成的。海岛及半岛地区雾出现的几率明显大于陆上，一般每年在 30 d 以上。而在陆上和港湾内每年只有 10 d 左右。海雾出现主要对人类活动（航运和渔业）产生较强影响。对于海岸带生物的影响不明显。海雾主要发生在冷热空气交替的春季。

7）海平面上升

在过去 100 年的时间内，全球海平面上升了 10~25 cm。我国的海平面近百年来也有明显的上升趋势，平均每年上升 0.14 cm，厦门海域临近的闽江三角洲近几十年，平均每年上升 0.18 cm。据 IPCC 估计，2050 年全球海平面保守估计将升高 18~21 cm（杨桂山，施雅风，1999）。海平面上升带来的危害突出表现在陆地淹没、洪水泛滥、海岸侵蚀加剧、海水入侵、地下水污染以及陆地下陷等，这将对厦门沿岸构成很大的威胁。

4.2.2.2　人为生态安全压力描述

1）九龙江河口污染物输入

九龙江是整个九龙江流域 11 909 km² 农业和生活等非点源污染物的主要纳污水体。该流域农业非点源污染问题严重，大量污染物随河流带入厦门海域。2003 年九龙江携带入海

污染物总量约为 1.77×10^5 t。在厦门地区主要海水污染物总磷、总氮、COD、铅和石油类中，河流污染物输入已成为主要污染源，其贡献分别占 37.79%、73.70%、35.26%、76.15% 和 53.27%。九龙江口输入中农业非点源污染是主要组成，在雨季污染物通过河口的输入将大增，因此夏季是九龙江口输入的高峰期。

2）点源污染（工业和生活污水排放）

点源污染指的是工业和生活污水通过沿海固定排污口排放入海。厦门人口分布最密集的地带大都集中于沿岸，并且呈现愈加集中的趋势。2000 年全市生活用水总量已达 $8\ 513 \times 10^4$ t，是 1980 年的 10 多倍，而 2004 年城市污水处理率还不足 60%。影响随着城市人口的增加和人民生活水平的提高将日趋严重。

3）非点源污染

污水和垃圾在海域、陆地和海岸不经处理排放造成污染物最终汇入大海，造成对海洋近岸海水的污染，从而影响整个海洋生态系统的健康。非点源污染对海岸带生态压力严重的地区主要是：① 污水收集和处理设施不完善的地方，有大量的非点源的污水和垃圾未经任何处理进入海洋，严重污染厦门海洋生态系统的健康；② 2000 年，厦门农业化肥施用量约 458.6 kg/hm^2，农药施用量达 4.85 kg/hm^2，流失的化肥和农药主要排入海域，产生的污染也不容忽视；③ 海上的非点源污染排放，随着厦门海洋旅游业的蓬勃发展，来自海面的旅游污染将成为重要的不可忽视的污染源。

4）赤潮

厦门海域是赤潮的高发地区之一。1986 年至 1987 年，厦门海域曾有 4 次发生赤潮。20 世纪 90 年代开始，尤其是近几年来，厦门海域的赤潮有逐年加剧的趋势，频率增加，持续时间加长。2001 年，厦门海域发现赤潮 4 起，其中西海域 3 起，筼筜湖 1 起。2002 年，同样发生 4 起赤潮，3 起集中在西海域，还有 1 起在同安湾，发生日期均在 5—7 月，即春季和夏季。

5）海岸工程建设和围垦造地

生态系统是由生物及其生境来维持的。厦门因城市发展而实施的围填海活动，其直接后果是导致部分生境的消失。自 1950 年以来，厦门海域及其毗邻海域共进行 62 处围填海工程，总面积达 125.74 km^2，详细介绍见第 5 章。厦门市的海岸工程建设包括港口码头建设、围海造地及跨海通道工程。围垦造地集中在西海域和同安湾。沿岸围垦致使厦门红树林面积锐减，海域纳潮面积减少，海岸地形轮廓改变，加剧了部分港域的淤积，海域底栖动物群落改变。

6）石油泄漏污染事故

海域石油溢漏，不仅破坏自然风景，损害野生动物，污染海洋环境，而且对旅游业和渔业也带来严重后果。因此石油泄漏污染是海洋生态环境中最严重的问题之一，应予以高度重视。据厦门市港监通报，1995—1996 年厦门港外曾发生 4 起较大溢油事故。近年来厦门海域没有大的石油泄漏污染事故发生。溢油事故产生的对海洋生态系统的巨大威胁，应随时保持高度的警惕。

7）渔业资源过度捕捞

近 20 多年来，厦门沿岸海域渔业资源的开发强度较大，致使群落结构和种群结构及其生物量和丰度均发生了较大变化，过度捕捞的趋势明显。捕捞力量超过渔业资源的承受能力。主要经济鱼类已呈向低龄化、小型化和性成熟提早的趋势，种群数量衰减。其他重要种类，如厦门文昌鱼、长毛对虾和中国鲎等的数量均有明显衰退。目前，厦门沿岸海域的渔业资源结构和数量组成以小型、生命周期短、营养层次低的种类为主，有价值的渔业种类和资源大不如前。

8）海水增养殖过度

厦门海岸带生态系统为海水养殖的快速发展提供物质基础。由于在开发早期缺乏海洋生态保护意识和合理管理规划，导致海岸带的生态环境急剧下降，使厦门海域水质和底质恶化，同时原有养殖地的单位面积产量下降。20 世纪 90 年代末期尽管海水养殖的面积不断提高，但是单位面积的产量却处于停滞和下降的状态，1999 年产量急剧下降，到 2000 年和 2001 年尽管养殖面积大幅增长，但是产量却低于 1997 年和 1998 年。

9）海洋生物疾病

海洋生物遭受各种疾病的折磨，一方面是由于海洋环境的下降使生物本身更加脆弱；另一方面大量人工化学生物药剂的排放入海促成各种新病毒危害生物健康。目前对于厦门海洋生物疾病的研究不多，但是潜在的威胁巨大，例如 20 世纪 90 年代发生在厦门海域养殖对虾中流行的疾病等就对整个对虾养殖造成了极大的破坏。海洋生物疾病的发生和大量海洋生物的繁殖生长密切相关，所以主要发生在生物量快速增长的季节，即春季、夏季和秋季，其中由于夏季气温高，病菌更易生长。

10）生物入侵

外来生物对原有生态系统产生负面的影响和破坏较为隐蔽，一旦发现很难处理和恢复。生物入侵是由人为有意或无意的传递造成，目前已被世界环境基金组织（GEF）认定为海洋面临的四大威胁之一。厦门市受到生物入侵的危害由来已久，只是在近几年才受到人们的关注，其中对于厦门海岸带生态系统产生危害的主要有互花米草，严重威胁红树林和其他滩涂湿地生物安全。沙筛贝已成为污损生物的优势种，并对海水养殖造成不利影响。厦门港口业发展迅猛，压舱水造成的生物入侵是厦门面临潜在的巨大压力。海岛上的入侵生物，如入侵鼓浪屿的猫爪藤，对海岛的生物多样性和旅游资源造成巨大威胁（卢昌义，张明强，2003）。

4.2.3 厦门海岸带生态安全压力评价

4.2.3.1 海岸带生态安全压力值计算

根据对筛选出的厦门海岸带生态安全 17 项生态安全压力描述分析，包括自然灾害 7 项、人为活动 10 项，提炼出危害强度、危害范围和危害频次相关的数据资料，构建厦门海岸带生态安全压力内涵分析清单，如表 4-1。

表 4-1　厦门海岸带生态安全压力内涵分析清单

海岸带生态安全压力	危害强度	危害范围	危害频次
1. 地震	对陆地生态系统和人类社会的物理环境产生巨大破坏	整个海岸带区域	100 年内有可能发生 6 级左右的中强地震
2. 台风、风暴潮	对海岸带高等植物群落和人类社会产生很大破坏	沿岸及附近区域	年平均可达 5.4 次，集中在 7—9 月
3. 洪水	造成水土流失和生态破坏，危害人类和生物栖息地	主要陆地水域附近	增水发生率年平均 5 次左右，平均每 5 年 1 次特大洪水
4. 旱灾	干旱，水供应不足，生活和工业用水短缺	整个厦门陆域	本地区夏旱最为突出，大旱、特大旱灾每 1.2 年 1 次
5. 海岸侵蚀	年蚀退率达 1~2 m，改变近岸生态系统类型和景观	约有一半以上海岸	持续渐进
6. 海雾	主要对航运和渔业产生影响较强	海岛及半岛地区	海岛及半岛地区每年一般在 30 d 以上，港湾内只有 10 d

海岸带生态安全压力	危害强度	危害范围	危害频次
7. 海平面上升	陆地淹没、海水入侵、地下水污染以及陆地下陷等	整个海岸带	厦门临近的闽江三角洲海面积几十年内每年平均上升 0.18 cm
8. 九龙江河口污染物输入	大量上游污染物随河流带入厦门海域	几乎整个厦门海域	持续
9. 点源污染	城市工业和生活污水排污口	排污口分布区	高频率
10. 非点源污染	污水和垃圾在海域、陆地和海岸不经处理排放	整个厦门海域	比较持续
11. 赤潮	对海岸带生态环境产生严重破坏，对海水养殖、渔业、旅游以及人体健康产生损害	西海域、同安湾、筼筜湖	由 20 世纪 90 年代约一两年 1 次，到 2001 年和 2002 年的 1 年 4 次
12. 海岸工程建设和围垦造地	破坏红树林，海岸地形改变，加剧港域淤积，海域生物群落改变	大部分厦门海岸带	1950 年以来厦门共进行了 62 处工程围垦，围垦面积达 125.74 km^2
13. 石油泄漏污染事故	损害野生生物生存，污染海洋环境，对海洋生态系统产生巨大破坏	主要航道和港区	1995—1996 年厦门港外发生 4 起较大溢油事故。近年来厦门海域没有较大的石油泄漏污染事故发生
14. 渔业资源过度捕捞	渔业群落结构及其生物量和丰度发生较大变化，有价值的渔业种类和资源锐减	整个厦门海域	逐渐减少、退化
15. 海水增养殖过度	导致原有海岸生态系统退化，海域水质和底质恶化，生物产量下降	海水养殖区	逐渐累积，危害持续产生
16. 海洋生物疾病	危害海洋生物健康，一旦暴发将破坏原有生物结构组成	海水养殖区和纳污海域	潜伏存在，偶尔突然暴发
17. 生物入侵	侵占原有生态系统生物栖息地，改变原有生态结构	少部分地区、海岛	潜伏存在，累积暴发

　　根据海岸带生态安全压力内涵分析清单表，按照心理学中人脑对客观事物差别的区分经验，大多数人对不同事物在相同属性上差别的分辨能力在 5~9 级，参考层次分析法中的 1~9 级的比较等级划分（谭跃进，2002），通过自然数 1~10 赋予各项生态安全压力强度、范围和频次的评价值，见表 4-2。

表4-2　各项海岸带生态安全压力赋值、模型计算和排序结果

厦门海岸带生态安全压力	危害程度	危害范围	危害频次	压力值	排序
1. 地 震	10	10	1	100	11
2. 台风、风暴潮	6	10	4	240	2
3. 洪水	7	5	2	70	15
4. 旱灾	3	10	3	90	13
5. 海岸侵蚀	2	7	10	140	8
6. 海雾	1	10	3	30	17
7. 海平面上升	2	10	10	200	4
8. 九龙江河口污染物输入	4	6	10	240	2
9. 点源污染	3	8	7	168	6
10. 非点源污染	2	4	9	72	14
11. 赤潮	7	5	5	175	5
12. 海岸工程建设和围垦造地	6	8	7	336	1
13. 石油泄漏污染事故	9	6	3	162	7
14. 渔业资源过度捕捞	6	3	7	126	9
15. 海水增养殖过度	3	5	4	60	16
16. 海洋生物疾病	4	6	4	96	12
17. 生物入侵	4	4	7	112	10
平均	4.6	6.9	5.6	142.2	

　　经过定量分析赋值后，利用公式（4-1）对各项生态安全压力进行运算评价，按照生态安全压力值的大小排序，可以找到影响厦门海岸带生态安全的主要压力：排在第1位的是海岸工程建设和围垦造地；并列第2位的是九龙江河口污染物输入和台风、风暴潮；列第4、5、6、7位的是海平面上升、赤潮、点源污染和石油泄漏污染事故；海岸侵蚀和渔业资源的过度捕捞分别排在第8、9位。其余8项生态安全压力在生态安全压力值总和所占的比例均小于5%。目前厦门海岸带生态系统面临的生态安全压力主要来自3个方面：海岸工程建设和围垦造地、九龙江河口污染物输入和台风、风暴潮，三者对厦门海岸带生态系统的安全压力值超过总数的1/3，其中人为压力明显大于自然压力。另一方面，由于排在最高位的海岸工程建设和围垦造地的生态安全压力值占压力评价值总和的比例仅是13.90%，所以对于生态安全压力值占总和的比例超过5%的各项安全压力（海平面上升、赤潮、点源污染、石油泄漏污染事故、海岸侵蚀和渔业资源的过度捕捞）均应给予高度的重视。

4.2.3.2　厦门生态安全压力分等级分析

根据生态安全压力模型计算出的 17 项生态安全压力值，可以找出厦门海岸带面临的主要生态安全压力（图 4-2）。进一步通过模型输出的最大值（1 000）和最小值（0），对各项生态安全压力进行了分级比较。按照生态安全压力 3 个方面内涵的值域，将生态安全压力值的大小分为 5 级：

Ⅰ 等（生态安全压力值 0~50），表示生态安全压力微小；

Ⅱ 等（生态安全压力值 51~125），表示有生态安全压力不严重；

Ⅲ 等（生态安全压力值 126~250），表示生态安全压力较严重；

Ⅳ 等（生态安全压力值 251~500），表示生态安全压力很严重；

Ⅴ 等（生态安全压力值 500~1 000），表示生态安全压力非常严重。

由此可以获知厦门海岸带生态安全压力所属的等级：其中 1 项属于Ⅳ等，8 项属于Ⅲ等，7 项属于Ⅱ等，1 项属于Ⅰ等。厦门承受 17 项生态安全压力的平均压力值为 142，处在Ⅲ等。总体看，厦门面临较为严重的生态安全压力。

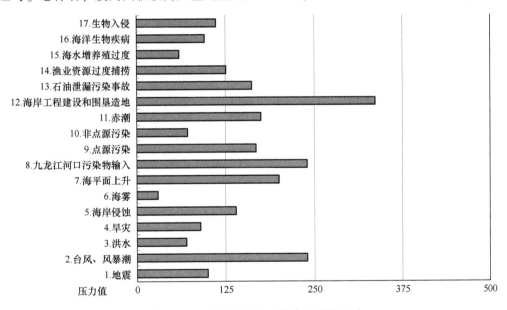

图 4-2　厦门海岸带生态安全压力对比图

4.2.4　海岸带生态安全压力的累积性分析

累积性影响是指当过去、现在和可以预见将来的活动叠加在一起时产生效应增加的影响（Xue，2004），特别是指某些活动单独的影响可能很小，但与其他活动经过一定时间的累积之后会对环境产生重大影响的现象。由此可见累积性影响的发生主要是在时间累积和空间累积；前者是指累积性影响在某个时间内同时暴发，后者是指在某个空间的重叠暴发。对于海岸带的生态安全而言，生态安全压力的影响具有明显的累积性，本书将分为空间累积和时间累积两个方面来分析。

4.2.4.1 厦门海岸带生态安全压力空间累积性分析

针对不同海域生态安全累积状况，使用公式（4-2）对厦门6个主要海域累积承受的生态安全压力进行计算，结果如表4-3。

表4-3　厦门主要海域累积承受的生态安全压力值

厦门海岸带生态安全压力	西海域	同安湾	东部海域	南部海域	河口区	大嶝海域
1. 地 震	17	17	17	17	17	17
2. 台风、风暴潮	40	40	40	40	40	40
3. 洪水	12	12	0	12	35	0
4. 旱灾	15	15	15	15	15	15
5. 海岸侵蚀	31	47	31	16	16	0
6. 海雾	4	4	9	4	4	4
7. 海平面上升	33	33	33	33	33	33
8. 九龙江河口污染物输入	34	0	34	69	103	0
9. 点源污染	126	7	34	0	0	0
10. 非点源污染	0	29	29	0	0	14
11. 赤潮	143	32	0	0	0	0
12. 海岸工程建设和围垦造地	213	113	10	0	0	0
13. 石油泄漏污染事故	61	20	20	41	20	0
14. 渔业资源过度捕捞	0	126	0	0	0	0
15. 海水增养殖过度	0	45	0	0	0	15
16. 海洋生物疾病	36	36	12	0	0	12
17. 生物入侵	84	0	0	0	0	28
压力总值	849	576	284	247	283	178
平均值	168	127	128	150	142	108

注：0表示该海域不受所指生态安全压力的影响或影响可以忽略；压力平均值=压力总值/承受压力的项数。

根据厦门各主要海域承受生态安全压力的比重，使用分海域承受压力状态模型计算，按照承受压力总值分析厦门6个主要海域的生态安全状况。其中以厦门西海域生态安全状况最为严重，其次为同安湾海域；两者分别占所有生态安全压力值总和的35%和24%，是厦门海域累积承受生态安全压力的主要区域。承受生态安全压力最小的是大嶝海域。其余东海域、南部海域和河口区承受的生态安全压力与西海域和同安湾相比处在较安全的状态。

以各海域承受生态安全压力总值除以承受的各项生态安全压力的系数 w_i 和，获得各分海域的生态安全压力平均值，作为该海域的生态安全状况等级。西海域、同安湾、东部海域、南部海域和河口区均属于Ⅲ等级，其中西海域压力值最高，为 168，同安湾和东部海域压力值最低分别为 127 和 128。整个厦门海岸带只有大嶝海域属于Ⅱ等，生态安全状况较好。

4.2.4.2　厦门海岸带生态安全压力时间累积性分析

生态安全压力在时间上的累积性影响可以分为两类，一类是针对单个生态安全压力在经过一定时间累积后产生的强烈影响，这一类压力通常是持续作用，在暴发强烈影响之前不会有明显危害影响，例如海平面上升。另一类是多个生态安全压力可能在相同时间暴发，由此产生协同反应或聚集反应，例如多个自然灾害的同时暴发。

从另一个角度来看，各种生态安全压力的暴发在时间上可以分为周期性暴发和非周期性暴发；前者指在一定时间内确定再次发生的事件，一般以每年发生的几率来衡量，如台风、风暴潮的影响；后者指暴发后经过一定时间就不再产生，或者很长时间内不再发生，如海平面上升造成的结果。

表 4-1 中已经分析了 17 项海岸带生态安全压力暴发频次的性质，以此为基础，进一步建立厦门海岸带生态安全压力时间累积分析清单表（表 4-4）。首先将各个生态安全压力按照发生作用的性质分为持续性时间累积和非持续性时间累积，针对非持续性压力分析其作用时间；然后按照暴发的周期性分为非周期性和周期性，针对周期性生态安全压力从相关资料提取各个生态安全压力的作用集中时间，按照季节划分，分析暴发时间的累积性。

表 4-4　厦门海岸带生态安全压力时间累积性分析清单表

生态安全压力	持续性	周期性	主要暴发时间	压力等级
1. 地震	非持续性	非周期性	不明	Ⅱ
2. 台风、风暴潮	几天到几周	周期性	夏季	Ⅲ
3. 洪水	几天到几周	周期性	春季、夏季	Ⅱ
4. 旱灾	几周到几月	周期性	春季、夏季为主	Ⅱ
5. 海岸侵蚀	持续	非周期性	持续	Ⅲ
6. 海雾	几天到几周	周期性	春季	Ⅰ
7. 海平面上升	持续	非周期性	持续	Ⅲ

生态安全压力	持续性	周期性	主要暴发时间	压力等级
8. 九龙江河口污染物输入	持续	周期性	夏季	Ⅲ
9. 点源污染	持续	周期性	持续	Ⅲ
10. 非点源污染	持续	周期性	夏季	Ⅱ
11. 赤潮	几天到几周	周期性	春季和夏季	Ⅲ
12. 海岸工程建设和围垦造地	持续	非周期性	不定	Ⅳ
13. 石油泄漏污染事故	几天内	非周期性	不定	Ⅲ
14. 渔业资源过度捕捞	持续	非周期性	夏季和秋季	Ⅲ
15. 海水增养殖过度	持续	周期性	夏季和秋季	Ⅱ
16. 海洋生物疾病	几天到更长	非周期性	夏季	Ⅱ
17. 生物入侵	几月到几年	非周期性	春季和夏季	Ⅱ

从厦门海岸带生态安全压力的持续性上来看，厦门海岸带面临的生态安全压力以持续性压力为主，共有8项，而且压力等级较高。从周期性上来看，非周期性压力比周期性压力少一个，但是非周期性压力的等级明显高于周期性压力。从暴发时间上来看，生态安全压力主要集中在夏季暴发，共有10项压力主要在夏季暴发，其次是春季（5项暴发）和秋季（2项暴发）。由此可知，厦门海域生态安全保障应将重点放在持续性发生的生态安全压力上，而且注重对非周期性生态安全压力进行监测，在具体时间安排上，要重视夏季海洋生态安全的综合维护。

第5章 典型压力分析——
围填海工程对海岸带生态系统的影响

自1950年以来，厦门海域共进行62处围填海工程，围填海面积达125.74 km²，如表5-1。其中主要围垦地点分布在西海域和同安湾。从围填海工程的年代分析：20世纪50—80年代以大、中型围填海工程为主，围填海面积占了历史总围填海面积的89%；此阶段围填海区以水产养殖为主；20世纪80年代以后，以中、小型围填海工程为主，围填海区主要以满足城市发展的土地需求为目的，围填海面积仅占总围填海面积的11%。近50多年来，研究区域的围填海工程主要集中在西海域和同安湾，围填海面积分别占总围填海面积的51.4%和27.8%。

表5-1 厦门各海域历史围垦面积

地点	数量	围填海面积（hm²）			
		1950—1980年	1981—1999年	2000年至今	总面积
西海域	26	5 615	190.5	409.2	6 214.7
同安湾	24	2 796.46	333.58	235	3 365.04
东部海域	1		46.8		46.8
河口湾海域	5	240		74.01	314.01
南部海域	1	774.67			774.67
大嶝海域	1		485.4		485.4
安海湾	1	333.67			333.67
围头湾	3	1 039.73			1 039.73

资料来源：福建省海洋开发管理领导小组办公室、近海海洋环境科学国家重点实验室、厦门大学海洋与环境学院，2006。

5.1 研究范围与研究方法

5.1.1 研究范围

研究范围为厦门湾及毗邻海域，包括从泉州市围头角至龙海市的镇海角连线以西、九龙江河口紫泥镇以东海域，包括厦门西港、九龙江河口湾、厦门南部海域、厦门东部海域、同安湾、大嶝海域、安海湾、围头湾等8个主要海域，如图5-1所示。

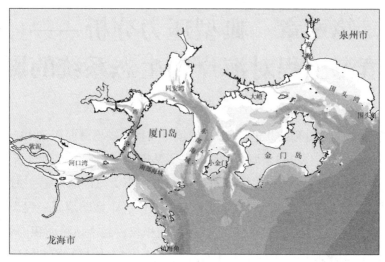

图5-1　研究区域及海域划分

5.1.2　研究方法

通过对历史资料的回顾，分析研究围填海工程对海岸带生态系统产生影响的作用机制。然后结合资料收集情况，从物理、化学、生物和景观4个方面选取构建评价指标体系。最后对各个指标进行详细分析，阐明围填海工程对海岸带生态系统产生的影响。

5.2　围填海工程对海岸带生态系统的影响机制分析

海岸带围垦造地，指港口建设围垦、盐田围垦、公路建设围垦、工程建设围垦等多种需要向海扩地的人类活动。围垦对海岸带生态系统的直接影响主要是占用沿海滩涂或浅海面积，造成人为污染源增加，工程实施过程中泥沙入海，以及改变海岸带形状。围填海工程直接占用海岸带面积，改变海岸带原有物理特征，由此造成水动力的变化（纳潮量减少、水交换周期变长、局部流速变化），同时造成海岸带景观的变化，如岸线变平滑、海岛趋向圆形。污染物排放包括工程施工中的污染物排放和工程完成后增加的人为污染源。由于水动力条件的变化会直接影响海湾纳污能力，加上污染物的排放会造成海水中污染物质的累积，最终导致水质和底质下降。同时水动力条件的改变，加上部分工程泥沙入海会影响海底沉积物类型的变化。围填海工程直接导致野生生物生境面积缩小，如红树林面积的缩小，生物量及生物生产力下降；另一方面伴随着海域环境的改变，处在食物链上的浮游生物、游泳动物和底栖动物群落也会出现改变。其中一些珍稀海洋生物的生境也面临围填海影响带来的威胁。具体作用机制如图 5-2。

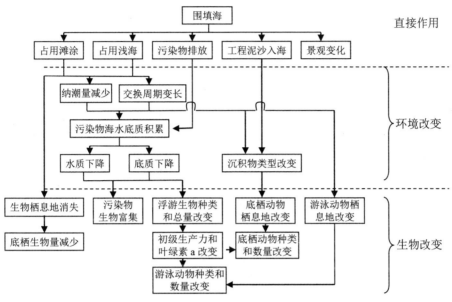

图 5-2 围填海对海岸带生态系统影响机制分析

5.3 围填海对海岸带生态系统影响的评价指标体系构建

5.3.1 指标体系框架

通过影响机制分析，围填海工程对海岸带生态系统的影响可以总结为 4 个方面：物理环境的改变、化学环境的改变、生态环境的改变以及景观格局的改变。由此可以构建围填海对海岸带生态系统影响的评价指标体系框架（表 5-2）。

表 5-2 围填海对海岸带生态系统影响的评价指标体系框架

指标分类	具体指标
物理指标	海湾纳潮量变化，海湾水交换周期变化，海水流速变化，高潮位变化，泥沙淤积变化
化学指标	水质变化，底质变化
生物指标	典型生境变化，底栖动量变化，污染物生物富集现象，浮游生物种类和数量变化，赤潮的发生情况，初级生产力和叶绿素 a，游泳动物种类变化
景观指标	海岸线长度，海岛面积，海岛形状指数

表 5-2 中水质变化考虑海湾的海水中溶解氧及主要污染物质浓度变化；底质变化考虑沿岸地区潮下带和海域底质污染物含量的变化；典型生境变化指当地具有代表性的或独特的生态系统类型，例如厦门海湾的红树林生境；底栖动物量变化＝围填海占用滩涂的面积×该类滩涂平均底栖动物量；海岛形状指数：自然形成的海岛由于生态利用方式的多样，海岛形状通常比较复杂，而人工对海岛的开发往往破坏了海岛形状的自然复杂性，使海岛边缘趋于平滑。该指标通过分析海岛形状的近圆性来表示海岛形状的复杂性。表达式为：

$$I = P^2/S \qquad\qquad (5-1)$$

式中：I 为海岛形状指数，P 表示海岛海岸线的总长度，S 代表海岛总面积（所有类型斑块的总面积）。I 的值大于或等于 12.56（4π），I 的值越大，海岛的形状越复杂，当 I 的趋向于 12.56 时，海岛的形状趋向于圆形。

5.3.2 指标体系与围填海的联系分析

根据构建的评价指标体系框架，按照各个指标所代表的生态环境因素与围填海工程之间的联系进行列表清单分析，从而进一步筛选可操作的评价指标。按围填海工程对生态系统产生作用的性质，分为直接影响和间接影响生态指标。按围填海与指标因素影响的相关性，分为：高相关性，表示围填海是造成指标改变的唯一原因或主要原因，通常围填海直接影响的指标，两者的相关性程度高；中相关性，表示围填海是造成指标改变的次要原因或部分原因；低相关性，表示围填海是造成指标改变的很次要的原因；待分析表示围填海对该指标影响的相关性难以判断，但该指标所代表的生态因素比较重要。由于对指标的评价是建立在历史数据的收集基础上，因此必须考虑相关指标所需数据的获取难易程度，将各个对应指标的数据收集情况分为 3 等，数据获取程度好表示具有较为完整的历史数据；获取程度中等表示具有部分时间或地点的数据，但是不足以表现完整的变化趋势；获取程度低表示只收集到很少的相关数据或根本没有数据，如表 5-3。

表 5-3　评价指标与围填海联系列表清单

指标类型		影响性质	相关性程度	数据获取
物理指标	主要海湾纳潮量变化	D	高	好
	主要海湾水交换周期变化	D	高	好
	海水流速变化	D	高	好
	高潮位变化	D	低	中
	泥沙淤积变化	D	中	差
化学指标	水质变化	I	待分析	中
	底质变化	I	待分析	差

续表

指标类型		影响性质	相关性程度	数据获取
生物指标	红树林面积减少	D	高	中
	底栖动物量减少	D	高	中
	污染物生物富集变化	I	待分析	差
	浮游生物种类变化	I	低	中
	浮游生物数量变化	I	低	中
	赤潮发生率变化	I	待分析	中
	叶绿素 a 变化	I	待分析	中
	游泳动物种类变化	I	中等	中
	海洋珍稀动物栖息地变化	D/I	高	中
	底栖动物种类变化	I	低	中
	底栖动物数量变化	I	低	中
景观指标	海岸线长度	D	高	中
	海岛面积	D	高	中
	海岛形状指数	D	高	中

注：D 表示直接影响；I 表示间接影响；D/I 表示有直接影响又有间接影响。

5.3.3 操作指标选择及其评价方法

　　根据指标与围填海联系的分析结果，选取数据获取程度中等以上，并且与围填海相关程度中等以上或待分析的指标，作为评价围填海对厦门海湾生态系统影响的操作指标。针对厦门湾中不同海湾的具体情况，以及各个海湾数据的收集情况，不同海湾评价所使用的指标有所不同。其中海水纳潮量和交换周期的指标仅适用于西海域、河口、同安湾和安海湾。景观格局的指标由于数据收集所限仅针对厦门岛。红树林的历史数据针对整个厦门湾。游泳动物种类和数量变化考虑整个厦门海域。珍稀生物生境中华白海豚考虑整个厦门海域，文昌鱼主要考虑同安湾和东部海域，经济鱼卵场按其所在地点具体划分，划分结果如表 5-4。在评价方法上，对于直接影响的指标通过历史数据计算其变化的数量，对于间接影响的指标，则主要分析其与围填海之间的相关性，具体方法是通过数理统计进行相关性分析。

表 5-4　围填海对厦门湾生态系统影响评价指标

指标名称	西海域	河口	南部海域	东部海域	同安湾	大嶝海域	围头湾	安海湾
海湾纳潮量	●	●			●			●
水交换周期	●	●			●			●

指标名称	西海域	河口	南部海域	东部海域	同安湾	大嶝海域	围头湾	安海湾
海水流速	●	●	●	●	●	●	●	●
水质	○	○	○	○	○	○	○	○
底栖动物量	●	●	●	●	●	●	●	●
赤潮发生率	○	○	○	○	○	○	○	○
叶绿素 a	●	●	●	●	●	●	●	●
游泳动物种类	●	●	●	●	●	●	●	●
珍稀生物生境	●	●	●	●	●			
红树林面积*								
海岸线长度*								
海岛面积*								
海岛形状指数*								

注：● 表示适用于该海域的指标；○ 表示适用于该海域，但数据不完整只能做部分时间段的评价；* 表示该指标适用于整个厦门湾或厦门岛，而不针对某个海域。

5.4 分析结果

5.4.1 海湾纳潮量变化

利用水动力模型对 1938 年、1984 年和 2006 年厦门主要海湾西海域、河口、同安湾和安海湾的纳潮量进行模拟的结果（福建省海洋开发管理领导小组办公室，近海海洋环境科学国家重点实验室，厦门大学海洋与环境学院，2006），分析围填海工程对海湾、河口纳潮量的变化。采用中潮时落潮和涨潮纳潮量的平均值代表海湾的纳潮量，对比 3 个时段各海湾纳潮量的变化。

西海域 1938 年纳潮量为 257.3×10^6 m^3，1984 年纳潮量为 173.9×10^6 m^3，2006 年纳潮量为 191.8×10^6 m^3；1984 年纳潮量与 1938 年相比累计减少了 32.4%，2006 年纳潮量比 1984 年增加了 10.3%，但是仍比 1938 年减少 25.5%。

河口区 1938 年纳潮量为 369.3×10^6 m^3，1984 年纳潮量为 360.4×10^6 m^3，2006 年纳潮量为 360.5×10^6 m^3；1984 年纳潮量与 1938 年相比累计减少了 2.4%，2006 年纳潮量与 1984 年几乎相同，但是仍比 1938 年减少 2.4%。

同安湾 1938 年纳潮量为 427.2×10^6 m^3，1984 年纳潮量为 339.3×10^6 m^3，2006 年纳

潮量为 333. 8 ×10⁶ m³；1984 年纳潮量与 1938 年相比累计减少了 20.6%，2006 年纳潮量又比 1984 年减少 1.6%，比 1938 年减少 21.9%。

安海湾 1938 年纳潮量为 45.0 ×10⁶ m³，1984 年纳潮量为 56.0 ×10⁶ m³，2006 年纳潮量为 47.4 ×10⁶ m³；3 个时段安海湾的纳潮量变化不大。1984 年纳潮量与 1938 年相比则增加了 24.4%，2006 年纳潮量又比 1984 年减少 15.4%，比 1938 年增加 5.3%。

整个厦门湾海域的纳潮量呈现出下降的趋势，且变化幅度比较明显。由于从 1938 到 1984 年集中了厦门海域多数的大型围填工程，此期间纳潮量变化也最大，集中在西海域和同安湾，其中西海域纳潮量减小了 32.4%，同安湾减小了 20.6%。

1984 年比 1938 年减少 5.3%；2006 年比 1938 年减少 4.4%，但是比 1984 年纳潮量略有上升。由此可见围垦工程的实施也有可能扩大海湾纳潮量，但是总体来看仍是减少的趋势，另外也说明了从 1984 年至今的围填海工程更多注意对海湾纳潮量的影响，采取了积极补救措施。

5.4.2 海水交换周期变化

海湾海水交换周期主要受海湾形状改变的直接影响，与围填海相关性高。通过厦门及周边海域主要海湾的海水交换周期历史变化，如表 5-5（福建省海洋开发管理领导小组办公室，近海海洋环境科学国家重点实验室，厦门大学海洋与环境学院，2006）可以反映围填海造成的影响。

表 5-5 厦门主要海湾海水交换周期的历史变化 单位：d

	河口区	西海域	同安湾	安海湾
1938 年	21.0	17.0	17.5	16.5
1984 年	18.0	23.2	18.5	13.5
2006 年	17.8	21.2	18.4	13.5

河口区：随着围填海的增加，海水的半交换期有逐渐减小的趋势。1938 年为 21 d，1984 年为 18.0 d，2006 年为 17.8 d，呈下降的趋势。

西海域：在 20 世纪 60 年代以前，因西海域与同安湾连通，杏林湾、马銮湾、东屿湾及筼筜湖与西海域形成一个交换条件较好的海域，西海域的海水半交换周期为 17.0 d，而到 1984 年随着西海域的大面积围填海，高集海堤的建成，海水半交换周期增加至 23.2 d。马銮湾打开后，海水的半交换期有所减小，为 21.2 d。

同安湾：在 20 世纪 60 年代以前，因西海域与同安湾连通，东坑湾、丙洲水域与同安湾形成一个交换条件较好的海域，同安湾的海水半交换周期为 17.5 d，而到 1984 年随着同安湾的围填海，海水半交换周期为 18.5 d。现状海水半交换周期为 18.2 d 左右。

安海湾：在 1938 年的情况下，安海湾的海水半交换周期为 16.5 d，因后来的围海建设，海域减小，1984 年和现状海水半交换周期减少到 13.5 d。

5.4.3 海水流速变化

海岸形状的变化直接影响海水纳潮量和交换周期，同时导致局部甚至整体海水流速的变化，因此海水流速与围填海具有高相关性。

根据 1938 年、1984 年与 2006 年大潮时 21 个站点的水流变化模型模拟结果，如表 5-6（福建省海洋开发管理领导小组办公室，近海海洋环境科学国家重点实验室，厦门大学海洋与环境学院，2006）：1984 年涨潮时站点水流速度相比 1938 年变化幅度为 21.80%（通过计算各个站点流速变化绝对值的平均值），落潮时站点水流速度比 1938 年变化幅度为 24.08%。涨潮时流速变化大的站点落潮时变化也大，并且相当。从流速变化方式来看，只有站位 1（安海湾口）流速明显增大，涨潮和落潮时的增量达到 52.7% 和 91.9%；其他站位流速均不同程度下降，其中变化最大的是站位 7（同安湾顶）、站位 11（后石港区南侧）、站位 14（嵩屿港区东侧）、17（马銮进港支航道），流速的变化在 30% 以上。

表 5-6 大潮时厦门湾水流速度的历史变化

大潮站位	1938 年平均流速		1984 年平均流速				2006 年平均流速			
	涨潮（m/s）	落潮（m/s）	涨潮（m/s）	增量（%）	落潮（m/s）	增量（%）	涨潮（m/s）	增量（%）	落潮（m/s）	增量（%）
1	0.29	0.23	0.44	52.7	0.44	91.9	0.3	-31.82	0.24	-45.45
2	0.42	0.45	0.4	-4.9	0.42	-5	0.41	2.50	0.43	2.38
3	0.36	0.34	0.34	-3.4	0.36	3.1	0.34	0.00	0.35	-2.78
4	0.27	0.28	0.23	-12.5	0.25	-11.1	0.23	0.00	0.25	0.00
5	0.55	0.51	0.45	-18.6	0.39	-23.3	0.44	-2.22	0.38	-2.56
6	0.45	0.46	0.37	-17.1	0.38	-16.8	0.32	-13.51	0.33	-13.16
7	0.43	0.47	0.23	-47.2	0.27	-43.3	0.35	52.17	0.37	37.04
8	0.49	0.45	0.39	-22	0.32	-27.9	0.39	0.00	0.33	3.13
9	0.42	0.47	0.33	-20.5	0.3	-36.3	0.31	-6.06	0.27	-10.00
10	0.38	0.41	0.36	-5.2	0.34	-18.2	0.37	2.78	0.39	14.71

续表

大潮 站位	1938 年 平均流速		1984 年 平均流速				2006 年 平均流速			
	涨潮 (m/s)	落潮 (m/s)	涨潮 (m/s)	增量 (%)	落潮 (m/s)	增量 (%)	涨潮 (m/s)	增量 (%)	落潮 (m/s)	增量 (%)
11	0.39	0.41	0.18	-53.2	0.29	-29.7	0.37	105.56	0.39	34.48
12	0.48	0.46	0.44	-7.1	0.41	-10.2	0.45	2.27	0.42	2.44
13	0.68	0.68	0.6	-11.8	0.6	-12.9	0.6	0.00	0.61	1.67
14	0.61	0.66	0.42	-32.2	0.39	-40.5	0.44	4.76	0.45	15.38
15	0.71	0.7	0.57	-19.7	0.53	-24.2	0.57	0.00	0.57	7.55
16	0.57	0.59	0.4	-29.1	0.39	-34.2	0.49	22.50	0.51	30.77
17	0.42	0.44	0.19	-53.5	0.17	-62	0.39	105.26	0.4	135.29
18	0.41	0.3	0.31	-25	0.27	-11.8	0.36	16.13	0.29	7.41
19	0.59	0.53	0.55	-7.1	0.53	0.2	0.55	0.00	0.53	0.00
20	0.58	0.56	0.5	-12.9	0.56	0	0.51	2.00	0.56	0.00
21	0.5	0.59	0.49	-2	0.57	-3	0.47	-4.08	0.56	-1.75

2006 年涨潮时站点水流速度相比 1984 年变化平均幅度为 17.79%，落潮时站点水流速度相比 1984 年变化幅度为 17.52%。涨潮时流速变化大的站点落潮时变化也大，并且相当。从流速变化方式来看，大部分站位流速不同程度增大，其中变化最大的是站位 7（同安湾顶）、站位 11（后石港区南侧）、站位 17（马銮进港支航道），其中站位 17 涨潮时站点水流速度比 1984 年增加 105.26%，落潮时站点水流速度比 1984 年增加 135.29%；站位 11 涨潮时站点水流速度比 1984 年增加 105.56%，落潮时站点水流速度比 1984 年增加 34.48%。站位 1、站位 6（刘五店港区西北方向）有明显减速，尤其是站位 1 变化幅度超过 30%。

通过对 1984 年与 1938 年，2006 年与 1984 年的比较发现，总体来看围填海的面积越大，对于海水动力影响越明显，但是局部区域来看则不然，1938 年到 1984 年流速普遍降低，但是从 1984 年到 2006 年大部分站点流速增加。某些站位的流速变化会直接受到某地点围垦工程的影响。一个明显的现象是围填海造成的水流速度变化明显的地区多在湾内和湾口地区。流速的变化会影响海水悬浮物的沉积变化，同时可能影响游泳动物的生境变化。在流速变化明显的站位中，同安湾顶、刘五店港区、嵩屿港区东侧和马銮进港都是中华白海豚曾经或现有的栖息地；刘五店港区则曾经是文昌鱼的主要栖息地。而刘五店港区、嵩屿港区东侧、后石港区南侧和马銮港区站点则是厦门湾主要的航道区，流速的变化会影响到珍稀海洋动物的生存以及航道的淤积。

5.4.4 海水水质变化

海湾内水质变化是生态系统主要的环境变化。水质变化的主要原因有两个，污染物排入量的增加与海湾内水体的自净能力。前者需要分析污染源状况以及排污强度，后者则需要考虑水动力变化对海湾自净能力的影响。围填海造成生态环境影响，主要来自由于引起纳潮量和水交换周期变化而造成的对海湾自净能力的影响。由于水动力条件与自净能力之间是一个较复杂作用的关系，在此对年交换水量与水质的历史变化作模拟分析：假设厦门各个海湾年排放污染物总量保持不变，那么交换水量就相当于对污染物的溶剂，如不考虑污染物在水体内的生化作用，那么污染物在水体内的浓度可以表示为：

$$C_p = \frac{M_p}{L} \qquad\qquad (5-2)$$

$$L = \frac{365}{T} \times N \qquad\qquad (5-3)$$

式中：C_p 代表水体某污染物的浓度；M_p 代表某污染物年均排放总量；L 代表海湾的年交换水总量；T 代表水交换周期，N 代表纳潮量，一年按照 365 d 计算。如果不考虑污染物年均排放总量的变化，那么水体中污染物浓度的变化仅受交换水量的影响，因此由于交换水量变化引起的污染物浓度变化可以表示为：

$$C_p = \frac{L_o}{L_p} C_o \qquad\qquad (5-4)$$

式中：C_p 代表某年水体某污染物的浓度；L_p 代表某年海湾年交换水总量；L_o 代表海湾最初的年交换水总量；C_o 代表海湾最初的水体某污染物浓度。

以西海域为例，根据水动力模型对厦门围填海主要时期前后 3 个年代——1938 年、1984 年和 2006 年的水动力模拟结果，以 1938 年为最初年，对比西海域无机氮和活性磷单纯受海水交换量影响的变化和实际变化之间的联系。由于监测数据只能覆盖 1986 年至 2004 年，因此以 1986 年代表 1984 年污染物浓度，利用公式反推 1938 年数据；以 2004 年数据代表 2006 年污染物浓度，与模拟计算结果进行对比。由表 5-7 结果可知，由于水交换量的大幅减少导致从 1938 年到 1984 年无机氮和活性磷的浓度迅速增加。但是从 1984 年到 2006 年的模拟结果来看水交换量的增加会使污染物浓度降低，这一点在活性磷浓度变化上有较好体现，但是无机氮浓度实际上仍有大幅度增加，很可能与此期间含氮污染物的排放增加有关。

表 5-7　西海域无机氮和活性磷模拟与实际浓度变化对比

水交换周期 (d)	纳潮量 (×10⁶m³)	年水交换量 (×10⁶m³)	无机氮浓度 (mg/L)		活性磷浓度 (mg/L)	
			模拟	实际	模拟	实际
17.0	257.3	5 524.4	0.285		0.023	
23.2	173.9	2 735.9	0.576	0.576	0.047	0.047
21.2	191.8	3 302.2	0.477	0.824	0.038	0.036

5.4.5　红树林面积缩小

历史上，厦门曾有大面积红树林分布，厦门东渡滩涂下钻探出几乎成为化石的红树林植物木材的沉积层。20 世纪 60 年代，海沧、青礁、嵩屿、东屿、石塘、马銮、湖里、高殿等地海滩均有红树林自然分布。同安的丙州湾、长厝湾等沿海滩涂也有成片的天然红树林植被。同安县丙洲湾曾于 1960 年建立海滨红树林场，面积达 933 hm²。由于围填海工程主要发生在 20 世纪 50—80 年代，当时对红树林生态重要性的认识不足，造成红树林大片被围垦，20 世纪 80 年代以后由于厦门经济发展和快速城市化对土地的需要，致使剩余不多的红树林再次减少。但是近年来人为进行的红树林生态恢复效果明显。目前厦门红树林主要以人工恢复林为主，厦门红树林面积历史变化如表 5-8。

表 5-8　厦门红树林面积历史变化

年份	面积 (hm²)
1960	320
1979	106.7
2000	32.6
2004 *	43.4

注：＊包括人工恢复林 22.4 hm²（林鹏，2005）。

5.4.6　底栖动物量损失

由于大片沿海滩涂湿地的消失，直接造成栖息于此的底栖动物死亡，厦门海岸带湿地的底栖动物量随之减少。根据不同年代各个海域围填海面积以及当时单位面积底栖动物量，可以计算由于围填海造成的底栖动物量损失，见表 5-9。

表 5-9　围填海造成的厦门底栖动物量损失

地点	底栖动物损失量（t）			
	1950—1980 年	1981—1999 年	2000 年至今	总计
西海域	2 979.32	50.67	321.63	3 351.62
同安湾	2 062.39	373.61	41.13	2 477.12
东部海域	—	30.56	0.00	30.56
河口湾海域	91.20	—	27.16	118.36
南部海域	294.37	—	—	294.37
安海湾	126.79	—	—	126.79
围头湾	395.10	—	—	395.10
整个厦门湾	5 949.17	454.84	389.92	6 793.94

注："—"表示没有数据，该海域按照厦门海域的平均数计算。

5.4.7　海水叶绿素 a 含量变化

海水水质的变化以及水动力条件变化一定程度上会影响浮游生物群落变化。叶绿素 a 是海水中浮游生物量的一个典型指标，在确定同化系数条件下，通过叶绿素 a 的含量可以计算海域海水初级生产力。由此，叶绿素 a 的含量可以体现海岸带围填海对海域浮游生物和海水上层生态系统造成的间接影响。影响叶绿素 a 含量的因素主要是海水中营养物质浓度和组成。根据历史数据分析海水中叶绿素 a 含量与主要营养物质氮和磷浓度之间的相关性，由图 5-3 可知厦门海域海水中无机氮、活性磷的变化趋势与叶绿素 a 含量的变化相近，对 10 倍无机氮和 100 倍活性磷浓度的平均值与叶绿素 a 含量进行 CORREL 相关分析发现：叶绿素 a 含量与 10 倍无机氮和 100 倍活性磷浓度的相关系数分别达到 0.502 和 0.482；与两者平均值的相关系数达到 0.758，呈高度的正相关性。由此可知伴随围填海工程促使海水中无机氮和活性磷浓度的增长，叶绿素 a 含量也会逐步增高。通过线性回归分析（LINEST）获得线性回归方程：

$$Y = 0.809X - 0.123 \tag{5-5}$$

式中：Y 表示叶绿素 a 含量，X 表示 10 倍无机氮和 100 倍活性磷浓度的平均值。

5.4.8　赤潮发生

赤潮的发生是海水富营养化的结果，海水营养物质的富集与海水纳污容量直接相关，

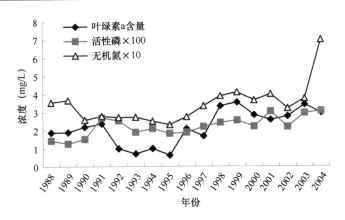

图 5-3 厦门叶绿素 a 含量与海水中主要污染物质浓度变化的关系

由于围填海造成海水水动力条件的变化直接影响到海水的纳污容量变化，从而导致海水营养物质的富集，浮游生物大量繁殖；间接引起赤潮发生。

从厦门赤潮发生的历史记录（表 5-10）可以发现，赤潮仅发生在厦门海域的港湾内（包括河口），其中围填海面积最大的港湾（西海域）也是赤潮发生次数最多的，但是同安湾发生赤潮次数远低于西海域，后者发生赤潮的次数占厦门海域总赤潮发生次数的76.3%；可能的原因是围绕西海域的污染源要远多于同安湾。

表 5-10 厦门赤潮发生的历史记录

年份	厦门西海域	厦门南部海域	同安湾	九龙江口	总计
1986	2		1		3
1987	3				3
1996	1				1
1997	1	2			3
1998	1		1		2
2000	1				1
2001	2				2
2002	3		1		4
2003	6			1	7
2004	3				3
2005	6		1		7
合计	29	2	4	1	36

与赤潮发生有直接联系的是海水中浮游植物的数量，叶绿素 a 含量可以很好地反映浮

游植物的总量变化。比较厦门海域叶绿素 a 含量与赤潮发生之间的联系，由于叶绿素 a 含量与围填海也存在较高的相关性，由此可以定量分析围填海对赤潮发生的影响。由图 5-4 可知，厦门海域叶绿素 a 含量与赤潮发生的变化趋势有较好的吻合，除了 1999 年。可能的原因是 1999 年的赤潮已经发生但未被记录，也可能是由于其他生态原因，如生物抑制，导致赤潮没有发生。通过 CORREL 相关分析发现：海域叶绿素 a 含量与赤潮发生的相关系数为 0.532，具有比较明显的正相关性；如果删除 1999 年的异常数据，海域叶绿素 a 含量与赤潮发生的相关系数为 0.657。

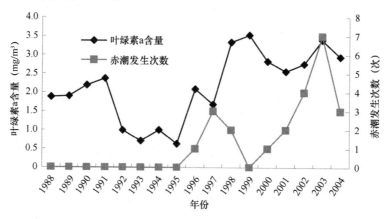

图 5-4　厦门海域叶绿素 a 含量与赤潮发生次数的比较

5.4.9　游泳动物的种类

游泳动物种类主要是指海域的海水捕捞鱼类或大型软体动物等。人类过度捕捞是造成游泳动物产量下降的主要原因，由于围垦造成的浅海面积损失以及水动力和沉积物变化以及水质变化一定程度上会影响游泳动物的种群变化，尤其是对部分渔场或产卵场。目前厦门湾海域内的鱼卵场整体处于消失殆尽的形势。

大担—青屿渔场：西起厦门港内的胡里山，东至九节礁，水深 10~30 m，历史上是大黄鱼、鳓鱼、真鲷、石斑鱼的产卵场，其中胡里山至大担门，曾经是大黄鱼、鳓鱼流刺网的优良渔场。20 世纪 50 年代初，春汛大黄鱼，鳓鱼捕捞量高达 150~200 t；九节礁是大黄鱼的优良渔场，被称为"黄瓜窝"。20 世纪 60 年代后，因敲鼓作业的发展，大黄鱼资源衰退，现已形不成鱼汛，但真鲷、鳓鱼、石斑鱼仍有渔获。

胡里山—南太武渔场：位于厦门港内的胡里山至南太武之间，水深 10~20 m。历史上盛产哈氏仿对虾和多种小型鱼类。近几年由于鳗鲡资源从九龙江口向外移动，已成为捕捞鳗鲡苗的主要作业渔场，年产量 500~1 000 kg（折合 300 万~600 万尾）。

鸡屿渔场：位于九龙江入海处至鼓浪屿后，水深 10~15 m，盛产哈氏仿对虾、青蟹、鲈鱼、鲻鱼，主要有春、秋两个汛期。哈氏仿对虾产量曾达 50 t，目前资源出现衰退迹象，但鳗鲡苗产量增加。

五通—刘五店渔场：位于同安港内，水深 10~15 m，盛产真鲷、文昌鱼、长毛对虾、青蟹。其中五通至刘五店沿岸的浴场有一片礁石带，是真鲷的产卵场，每年 10—12 月有 20~40 t 的渔获量，历史最高捕捞量曾达 50 t。后因过度捕捞，资源量急剧衰退，现产卵场基本消失了。

宝珠屿渔场：位于西港，水深 10~15 m，历史上盛产真鲷、石斑鱼、鲈鱼、黄鳍鲷和长毛对虾。春、秋两个汛期，长毛对虾历史产量达 50 t，筼筜港因盛产康氏小公鱼，渔船密集，曾以"筼筜渔火"的美称列为"厦门八景"之一。但自高集、集杏、马銮等海堤修建后，渔场面积缩小，潮流不畅，底质变迁，加上杏林工业区排污，在东渡修建商港，这一带鱼虾类资源严重衰退。

5.4.10　珍稀生物生境变化

在此主要考虑生活在厦门及其周边海域的中华白海豚、白鹭、厦门文昌鱼的变化，这些海洋生物的生境主要分布在厦门珍稀海洋物种自然保护区（图 5-5），或多或少受到围填海的直接侵占或间接影响。

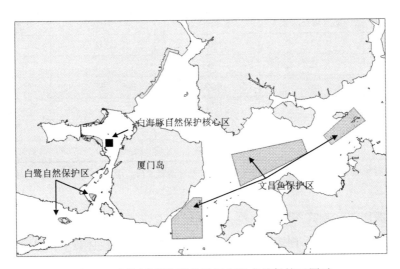

图 5-5　厦门珍稀海洋物种国家级自然保护区图示

注：中华白海豚的保护区覆盖整个厦门海域，其中西海域是核心区

5.4.10.1 中华白海豚种群变化

1) 中华白海豚种群数量变化

中华白海豚（*Sousa chinensis*）属于暖水性小型鲸类，是国家一级保护动物。自然条件优越的厦门港一带是中华白海豚重要的栖息地。20 世纪 60 年代中华白海豚在厦门港随时可见，平均每天（肉眼观察到）有 3.5 只次中华白海豚出现。近几十年来，中华白海豚的种群数量日益减少。1994—1999 年的 6 年间厦门海域共记录死亡的中华白海豚 11 只。从 2002 年到 2004 年上半年记录了 11 只，其中 2004 年上半年就记录了 5 只，主要死亡原因是海底炸礁冲击波的损害。

1993—1999 年，黄宗国等在厦门及其周围海域 20 个监测站 48 航次跟踪拍照及 2 艘船的辅助观察。观察的结果为西海域 1994 年出现 383 只次，1995 年 229 只次，1996 年 531 只次，1997 年 476 只次，1998 年 516 只次。2000 年，根据船只调查以及照片的结果推断，厦门中华白海豚种群约为 60 只左右（刘文华，黄宗国，2000）。

根据 2003 年 6 月—2004 年 5 月间 56 个航次的海上船只调查，发现中华白海豚总的个体数为 123 只次，最大的群体数量为 33 只，最小仅为 1 只。比较 1998 年调查的 122 只/35 航次以及 1999 年的 144 只/36 航次明显减少。2003—2004 年西海域观察到的最多时种群数量为 55 只，见表 5-11。因此从 2000 年以来中华白海豚的种群数量变化不大。

表 5-11　历年船只调查中华白海豚的情况

年份	船只调查次数	航程（km）	时数	发现海豚数量（头）
1994	1	35	3.2	5
1996	2	55	7.5	5
1997	13	395	58	114
1998	35	1 453	145	122
1999	36	1 073	137	144
2003/03—2004/05	56	1 900	260	123

资料来源：近海海洋环境科学国家重点实验室，厦门大学环境科学研究中心，国家海洋局第三研究所，2005。

中华白海豚属于大型高等海洋生物，对环境的适应能力很强，但由于中华白海豚对水下施工非常敏感，围填海对于中华白海豚种群数量的影响主要体现在施工过程中爆破和噪声造成对个体的直接伤害。

2) 中华白海豚的种群分布变化

厦门海域东部有大、小金门岛，大、小嶝岛，大担和青屿、浯屿等岛群，与台湾海峡外海相隔开。岛群以内海域至整个九龙江口河口水域都有中华白海豚。中华白海豚仅生活在厦门及邻近的河口内湾水域，一般不向外游，是一个相对稳定和独立的地理种群。但是近年来，由于填海工程、海岸工程以及陆源污染的影响，中华白海豚的活动区开始向其他海域移动。

历史上记载，中华白海豚的主要栖息地有：杏林湾（20 km²，1956）、马銮湾（20.1 km²，1960）、筼筜港（6.7 km²，1970）和同安湾顶的丙洲附近。1993—1999 年黄宗国教授等（黄宗国等，2000）的调查中发现，厦门市管辖的全部海域和漳州龙海管辖的九龙江口及青屿以内海域约 700 km² 都有中华白海豚的记录。密集分布区是大屿东和火烧屿东海域；嵩屿电厂出水口至鼓浪屿一带。而同安湾口刘五店至机场附近二亩屿海域、屿仔尾附近、东部海域的上屿西至前埔和黄厝一带则很少见。

而今，西海域依然是中华白海豚的主要活动地，2003 年 6 月至 2004 年 5 月间的调查中，除了 2003 年 8 月 10 日发现中华白海豚的地点在黄厝近海外，其他的位置都在保护区核心区内。但是同安湾口却没有发现海豚的出现。一个明显的趋势是中华白海豚种群分布的逐渐边缘化，在 20 世纪 50—70 年代中华白海豚的分布区——杏林湾和马銮湾已经被围垦作为封闭型海湾或者水库，如今同安湾也没有出现中华白海豚活动，中华白海豚在厦门的分布区明显向外海推移，估计主要的原因可能是围填海工程的实施，以及工程实施后沿岸人类活动日趋频繁对中华白海豚的活动造成影响，另外可能的原因是湾内水流水动力条件的变化，以及湾内捕食种群（鱼类）的消亡，或者水质的恶化。

5.4.10.2　白鹭种群量的变化

目前，厦门白鹭的主要繁殖栖息地分布在大屿岛和鸡屿岛。1996 年大屿岛约有白鹭4 000 多只，池鹭 3 700 多只，夜鹭 6 400 多只，总数为 14 000 多只；1997 年夜鹭的数量下降到 1996 年的 1/2 左右，池鹭则上升了约 40%，其他鹭类数量与 1996 年相近；1999 年鹭鸟的总数减少到 4 112 只，仅相当于 1996 年的约 1/4；而 2000 年仅剩 572 只，不到 1996年的 1/20；2001 年鹭鸟总数有所回升，有 828 只。2002 年以来，鹭鸟的数量有较大的恢复。据厦门市环境保护局白鹭自然保护区管理处的观察结果，2002 年有 3 000 多只，2003年和 2004 年均有 5 000 多只。

由于白鹭属于大型飞禽动物，具有对环境的高适应性，填海对于白鹭种群数量的影响主要是破坏白鹭繁殖栖息生境。历史上白鹭广泛分布于厦门湾沿岸，沿岸滩涂和水域周边的天然植被为白鹭提供的优良的繁殖、觅食和栖息场所。1996 年鹭类在厦门的繁殖地，主要是大屿和鸡屿岛，此外还有少部分鹭鸟在狐尾山南坡、双连屿和火烧屿。非繁殖期的夜宿地有鸡屿、狐尾山南坡、双连屿和钟宅。其中鸡屿、狐尾山南坡为夜鹭的宿地。双连屿为白鹭和池鹭的夜宿地。钟宅为白鹭和大白鹭的夜宿地。鸡屿、狐尾山南坡、双连屿的夜宿地在繁殖期转变为繁殖地，而钟宅夜宿地则不转变为繁殖地。鹭鸟的觅食地点主要有海沧、马銮湾、杏林湾、集美、湖边水库、胜利水库和筼筜湖等水域和湿地。但是由于围填海对沿岸自然覆盖类型的改变以及人类活动加剧，使白鹭能够繁殖栖息的场所逐年减少，以至于目前繁殖地主要集中在大屿和鸡屿两岛。火烧屿和狐尾山南坡以及钟宅地区受围垦的影响已经很少见到鹭鸟栖息。围填海对于白鹭的影响是直接导致其栖息地丧失，由此导致鹭鸟种群数量以及分布的改变。

5.4.10.3 文昌鱼种群数量的变化

文昌鱼是一种小型底栖动物，它对生活环境要求很高，喜欢在较松的砂砾地生活，最适宜的地质环境为：直径为 0.2~0.5 mm 的砂粒占 50% 以上、有机质含量在 0.9 左右，砂砾中最好混有少量的贝壳碎片、棘皮动物的碎骨片，以便它的钻洞和呼吸。砂质泥和粉砂质泥底质不利于文昌鱼的生存，底质内粉砂和黏土大量增加，会改变底质的通气状况和海水交换，文昌鱼就难以存活和繁殖。

文昌鱼在福建沿海自北向南均有分布，其中以同安刘五店最著名，20 世纪 30 年代便已形成文昌鱼渔业，作业渔场约 22 km²，年产文昌鱼 50~100 t，最高 1933 年产 282 t。但随着高崎—集美海堤、汀溪水库和西柯、东坑等围垦工程，使得渔场流速减弱，底质被淤泥覆盖，破坏了文昌鱼的生态环境，资源严重衰退。刘五店文昌鱼渔场沙质底的面积已从 20 世纪 50 年代的 22 km² 减少至目前的 0.75 km²，文昌鱼资源极少。

1969 年，在厦门东南郊区黄厝沿海和同安欧厝至大、小金门岛之间海域发现一定数量的文昌鱼资源，1987 年生产约 5 t，根据福建水产研究所 1987 年 4 月—1988 年 3 月的周年调查结果，上述两海域文昌鱼可捕量约 30 t。但根据 2001—2002 年福建海洋研究所的调查结果，与 1989 年的调查比较，文昌鱼分布区缩小，前埔—黄厝保护区南部表层沉积物粒度变小，海岸工程对该保护区已经产生显著影响。从厦门椰风寨以北到黑岩头以南沙滩，颗粒较粗，掺杂有碎贝壳，文昌鱼的分布密度相对较高，是目前文昌鱼主要分布区之一。2001 年至 2002 年调查发现：前埔—黄厝海区年平均密度 68.7 尾/m²，平均生物量 2.55 g/m²，该区文昌鱼分布的沙滩面积约 3 km²，南线—十八线海区年平均密度 90.8 尾/m²，平均生物量 3.49 g/m²。

由此可知，围填海对于文昌鱼造成的影响是直接而且明显的，主要的途径是围填海改变了文昌鱼栖息底质环境的特征，其次水动力条件和水质的变化对文昌鱼也有影响。

5.4.11 海岛景观格局变化

通过 1987 年、1995 年和 2004 年的 3 张卫星遥感图的数字化解析（见图 5-6），获得厦门岛面积和海岸线长度数据，利用公式（5-1）分别计算 3 个年代厦门岛的形状指数，如表 5-12。从 1987 年到 1995 年间厦门岛建成的围垦项目很少，因此从海岛形状指数变化不明显，甚至有所上升（变优），从 39.6 略微增加到 42.7。原因是厦门岛东北部海岸被当地人开发用作养殖，海岸线变曲折，整个海岛在面积变化不大的情况下（1987 年厦门岛面积为 128.4 km²，1995 年为 129.6 km²），海岸线长度从 1987 年的 71.3 km 增加到 1995 年的 74.4 km。但是从 1995 年到 2004 年海岛海岸线长度减少到 60.0 km，面积却增加到 136.3 km²，形状指数降低明显，从 42.7 降为 26.4。原因是此期间到西南部和东北部开发建设基本完工，造成岛屿面积增大，同时海岸线趋于平滑，对比从 1987 年到 1995 年，再到 2004 年厦门岛形状，可以发现有明显的趋圆形变化。

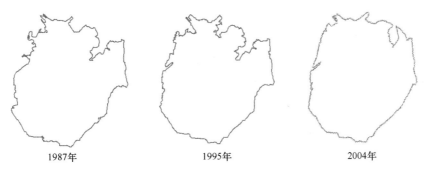

1987年　　　　　　　1995年　　　　　　　2004年

图 5-6　1987 年、1995 年和 2004 年厦门岛的形状

表 5-12　厦门岛景观格局变化

年份	1987	1995	2004
海岛面积（km²）	128.4	129.6	136.3
海岸线长度（km）	71.3	74.4	60.0
形状指数	39.6	42.7	26.4

第6章 海岸带生态健康状态评价指标体系构建

海岸带生态安全状态评价本质是一种区域生态健康评价，在区域生态健康评价中有时考虑到社会经济等人为因素，本章集中研究海岸带自然生态系统在人类或自然灾害等压力作用下健康状态产生的变化，从中提取评价指标。目前区域生态健康评价的主要方法是指标体系评价法，采用一系列的生态指标来分别代表生态系统中某种状态的改变，通过一个或几个综合的生态健康指数综合表征生态健康状态的变化，因此生态健康评价的关键是构建科学而完整的生态健康指标体系。

6.1 生态健康指标体系

6.1.1 生态健康指标的内涵

生态系统健康的概念是由人类对于自身健康概念延伸至生态系统而产生的，世界上没有最优化的生态系统，但是存在健康的生态系统。健康本身是一种模糊概念，是人脑对客观事物包括人体和自然生态系统某种状态的认定。生态健康评价所使用的生态指标犹如人类诊断自身疾病所依据的疾病症状和判断人体健康的指标和标准。因此要诊断生态系统的健康状况必须认清生态系统发展的正常特征和非正常特征，并以此作为评价生态健康的指标。Odum（1969）详细阐述了一个正常的生态系统在自身演变中成分、结构和功能的变化特征，见表6-1。陆雍森（2002）将自然条件下生态演替的一般趋势总结为7个方面。在受到外界不利影响或胁迫的作用下，生态演替将朝一个不健康的方向变化。Odum（1985）提出"生态系统在胁迫情况下会在能量、物质循环、群落结构和一般系统水平上发生变化"。Lalli 和 Parson（1997）针对生态系统变化中生物的 r 对策和 K 对策的生活史进行比较，见表6-2。Rapport（1999a）也提出在受胁迫情况下，水生生态系统的初级生产力、水平营养运移、疾病普遍性将增加，物种多样性、种群调控、复合稳定性减弱，在群落结构方面，r 对策种、短命种、更小的生物群和外来种增加，乡土种消失，种间相互作用减弱。

表 6-1　生态系统发展中成分、结构和功能的特征变化趋势

生 态 系 统 特 征	发 展 期	成 熟 期
群落的能量学		
1. 总生产量/群落呼吸（P/R 比率）	大于 1 或小于 1	接近 1
2. 总生产量/现存生物量（P/B 比率）	高	低
3. 生物量/单位能流量（B/E 比率）	低	高
4. 净生产量（收获量）	高	低
5. 食物链	线状，以牧食链为主	网状，以腐屑链为主
群落的结构		
6. 总有机物质	较少	较多
7. 无机营养物质的贮存	环境库	生物库
8. 物种多样性——种类多样性	低	高
9. 物种多样性——均匀性	低	高
10. 生化物质多样性	低	高
11. 分层性和空间异质性（结构多样性）	组织较差	组织良好
生 活 史		
12. 生态位宽度	广	狭
13. 有机体大小	小	大
14. 生活史	短，简单	长，复杂
营养物质循环		
15. 矿质营养循环	开放	关闭
16. 生物和环境间交换率	快	慢
17. 营养循环中腐屑的作用	不重要	重要
选择压力		
18. 增长型	增长迅速（r 对策）	反馈控制（K 对策）
19. 生产	量	质
稳 态		
20. 内部共生	不发达	发达
21. 营养物质保存	不良	良好
22. 稳定性	弱	良好

资料来源：Odum，1969。

　　这些关于生态系统变化特征的描述为衡量生态系统健康状态提供了依据，通过生态系统在胁迫情况下发生的系列变化构建定性或定量的生态指标，可以衡量生态系统健康状态的变化。生态健康指标是选择可以表征生态系统变化特征的一些特殊指标，可以理解为健康诊断指标，这些指标主要反映生态系统健康的现状、未来以及历史某段时期的变化，因此指标的选择应考虑到时间限度和空间限度，即选择能够表现出一定空间内生态系统在某段时间出现的变化，并能借此诊断生态健康状态。

表 6-2　生态系统变化中生物的 r 对策和 K 对策的生活史比较

比较因素	r 对策	K 对策
气候	多变，难以预测，不确定	稳定，可预测，较稳定
成体大小	小	大
生长率	快	慢
性成熟时间	早	迟
繁殖周期	多	少
幼体数量	多	少
扩散能力	高	低
种群大小	可变，常小于 K 值	相对稳定，接近 K 值
竞争能力	低	高
死亡率	高，非密度制约	低，密度制约
生命周期	短（<1 年）	长（>1 年）
水层与底栖的比率	高	低

资料来源：Rapport，1999。

6.1.2　生态指标选取的原则

生态系统的变化从来不是一件单独的事情，因此好的生态健康指标体系需要通过多个不同的操作指标，从生态系统的各个层面，包括成分、结构和功能来反映生态系统的健康状态及其变化，甚至看到变化的趋势。另一方面，这种多指标体系的指示作用有时也可能由于指标间的相互作用而抵消，或者掩盖整个生态系统出现的某些明显变化，这些变化可由单个或几个生态指标明确显著地反映出来。因此如何构建完整而科学的操作生态指标体系是生态健康评价的关键。

Dale（2001）提出的目前生态指标使用中存在的 3 个问题：监测计划通常只依靠很少数目的指标，不能全面考虑生态系统的复杂性；对于生态指标的选择经常出现混乱，因为管理计划没有清楚的目标和目的；管理和监测计划缺乏科学的严格要求，没能利用各确定的工具来科学选择生态指标。他综合众多学者的研究成果，提出选择生态指标的 8 项原则：

（1）容易测量；

（2）对生态系统受到的压力敏感；

（3）能够有先兆地对压力产生反应；

（4）有预测性，例如可以表征生态系统中关键特征将出现的变化；

（5）能够预测变化，这种变化是可以利用管理行动控制的；

（6）是综合的整体，一个全套的指标应该能测量覆盖所有生态系统重要组成的变化；

（7）能够对干扰、人类压力产生一种众所周知的响应，并能随时间变化；

（8）在响应中存在尽量少的变动（即没有或存在很少的干扰变量）。

由于对生态系统认识的局限性，以及指标对生态系统指示作用的复杂性，一套生态指标所能指示出的生态系统的状况往往带有局限性。因此在指标的可操作性和对生态系统反映的全面性上就存在一种权衡：投入（人力、物力和时间）和产出（指标体系指示效果）的权衡，以及投入产出效率的问题。这时就需要采取某种措施，例如，对难以获得数据又必须定量评价的指标，可考虑采用其他相关的指标替代。总之，一个好的生态指标体系的构建需要考虑到科学性、完整性、可操作性、实用性的统一。科学性要求指标体系符合生态学原理，能够较好体现生态系统的真实特征；完整性要求指标体系能够完整、全面体现生态系统的成分、结构和功能变化；可操作性要求指标体系中选取的操作指标能够进行实际衡量，且在现有技术条件下获得较好的评价结果；实用性要求操作指标体系的构建须考虑到在评价实施过程中人力、物力和财力投入和产出（评价效果）之间的权衡。

6.1.3 "网状" 生态指标体系

针对不同目的构建的生态指标体系有所不同，但是构建完整指标体系结构并合理确定各指标在体系中的权重，是利用生态指标体系进行综合评价的两个关键问题。目前的生态指标体系一般由总目标指标（指数）、分目标指标层和操作指标层 3 部分构成。总目标指标位于指标体系的顶层，通常由一个综合指标构成，代表生态指标体系的最终或综合评价结果；操作指标位于生态指标体系的底层，由多个容易直接获得量化结果的指标构成，这些指标需要进行实际调查、分析，作具体评价；分目标指标位于以上两者之间，是总目标指标的具体外延，可包含多个层次，是对总目标指标层和操作指标层之间联系和作用机制的分析和说明。在目前的生态指标体系中，上层指标与下层指标之间互不重叠或交叉，即下层的每一个指标只能从属于一个上层指标，是单向分散的承接关系，呈现"树杈"形状，本书称为"树杈状"生态指标体系（Branch Shape Ecological Indicator System，BEIS）。这种生态指标体系很好体现了生态系统的层次性，但是也存在以下两方面明显的不足：

（1）人为忽略或简化了指标之间的重叠和交叉联系，将各层次指标间的关系简单化，因此降低了生态指标体系对真实生态系统完整性的表征；

（2）由于生态指标之间重叠和交叉联系信息的缺失，影响了具有重叠和交叉联系的指标权重分配的合理性。

由此，本书提出在继承"树权状"生态指标体系中选取的指标及其层次结构的基础上，构建"网状"生态指标体系（Net shape ecological indicator system，NEIS），补充层次间指标的重叠和交叉联系，同时反映生态系统的完整性并合理的分配指标权重（图6-1）。

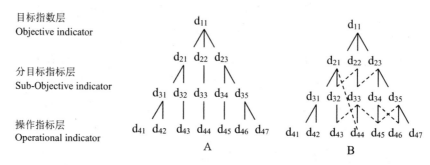

图6-1 "树权状"生态指标体系和"网状"生态指标体系

解决"网状"指标体系中指标权重确定的方法，主要包含两个步骤：①将"网状"指标体系中重叠或交叉的联系分解，变为"树权状"结构，进行指标权重确定，称为第一次权重分配。此时重叠或交叉的指标将同时被不同的分树权层次赋予权重；②将各层次指标的权重归一化处理，然后将重复或交叉指标的不同权重相加合并，使各指标获得唯一权重，称为第二次权重分配。由于对某些层次中的指标权重进行了两次分配，因此"网状"生态指标体系指标的权重分配法称为权重二次分配法。

6.2 生态健康指标体系的框架

生态指标体系的框架是生态学原理的体现，应该充分融合目前生态科学研究理论成果，同时也要保证对生态系统的完整体现。本论文按照生态系统的基本构造，从成分、结构和功能3个方面构建生态健康指标体系的框架，在3个方面指标的具体选取过程中考虑生态系统健康的3个经典内涵（活力、组织力和恢复力），即选取能够反映生态系统活力、组织力和恢复力的指标来代表成分、结构和功能。

6.2.1 生态系统成分指标

生态系统的成分通常分为非生物和生物成分，两者还可以进一步分类，见表6-3。

表6-3　生态系统成分的构成

成分初分类	成分次分类	具体成分因素举例
非生物成分	气候	降雨量、气温、湿度
	大气	大气质量
	土地	湿地变化、土地流失、土地利用状况、底质状况
	水	水文、水动力、水资源、海水水质
生物成分	动物	陆地动物、浮游动物、游泳动物、底栖动物
	植物	陆上植物、潮间带植物、浮游植物、底栖植物
	微生物	海水中的大肠杆菌含量

6.2.2　生态系统结构指标

生态系统结构在不同的尺度层次体现出不同的特征，因此生态系统结构指标需要根据不同尺度下生态系统结构的特征，选取不同的生态指标。如表6-4。

表6-4　不同尺度下生态系统结构指标的选取

生态系统尺度	可选结构指标
景观	包括景观多样性（空间异质性）、景观破碎度、景观连接度（景观聚集度）等
生态系统	包括营养物质分布和生物量。营养物质分布指水资源分布、营养物的分布、海域底质分布、湿地滩涂分布。生物量指动物生物量、植物生物量、浮游生物生物量。生物量指标包括陆地生物、潮间带生物、浮游生物、游泳动物和底栖动物；一般选择生物链的顶端或底端物种，可以通过初级生产力表示，也可以利用典型种群数量的变动表示
群落	包括营养层级，浮游生物、游泳动物、底栖动物、陆地生物、潮间带生物种类结构，种类组成变化，生物多样性。群落结构（包括陆地和海域生物）指标可选取群落生物种类数量组成结构的变化，群落生物多样性，r对策种和K对策种的数量比例，或者选择比较典型的底栖动物群落中不同生物种类数量和生物量之间的比例变化
种群	包括年龄结构、性别比例、出生率和死亡率、内禀增长率。年龄结构和性别比例，可以选择典型物种的年龄结构变化进行判断。出生率和死亡率、内禀增长率可以通过典型种群判断

6.2.3　生态系统功能指标

生态系统功能分为自身运转功能和对人类提供服务的功能，前者包括物质循环、能量流动、信息传递和演替过程等，如表6-5，后者通常称为生态服务功能。Costanza 等（1997）将生态系统服务分为17类，Degroot（1992）将生态服务功能分为四大类功能23个子功能，《千年生态系统评价》计划（Millenniums Ecosystem Assessment，MEA）（World Resources Institute，2003）将生态系统服务分为四大类和若干子服务功能，如表6-6。

表6-5　生态系统自身运行功能指标

自身运行功能	功能指标
物质循环	指水循环、气态循环、沉积循环、营养物质循环（周转率、周转时间）、初级生产力
能量流动	主要是初级生产力和营养级层数，初级生产力越大、营养层级数越高，一般认为能量在生态系统中存留的时间越长，生态系统越健康
信息传递	指各个物种之间的信息传递反馈作用，体现在共生与寄生现象的出现。一般认为越健康的生态系统中共生的现象越常见
生态演替	生态系统从初级到高级的演替阶段具有不同的特征，可据此对生态系统健康进行判断，越高等的系统健康程度越高

表6-6　三种生态功能/服务分类系统的对比

Costanza 分类	Degroot 分类	MEA 分类
	调节功能：维持必要的生态过程和生命支持系统	调节服务：从生态系统的调节作用获得的收益
气体调节	气体调节	气体调节
气候调节	气候调节	气候调节
干扰调节	干扰调节	风暴调节
水调节	水调节	水调节
水供应	水供给	侵蚀控制
侵蚀控制	土壤保持	人类疾病调节
土壤形成	土壤形成	净化水源和废物处理
养分循环	营养调节	传授花粉
废物处理	废物处理	生态控制
传授花粉	传授花粉	
生物防治	生态控制	
避难所		

续表

Costanza 分类	Degroot 分类	MEA 分类
避难所	生境功能：为野生动物、植物提供适宜的生活空间 残遗种保护区功能 繁殖功能	支持服务：支持和产生作用其他生态系统服务的基础服务 初级生产 土壤形成和保持 营养循环 水循环 提供生境
食物生产 原材料 基因资源	生产功能：提供自然资源 食物 原材料 基因资源 医药资源 观赏资源	供给服务：从生态系统中获得的产品 食物和纤维 燃料 基因资源 生化药剂、自然药品 观赏资源 淡水
休闲娱乐 文化	信息功能：提供认知发展的机会 审美信息 娱乐 文化和艺术信息 精神和历史信息 科学和教育	文化功能：人类从生态系统获得的非物质的收益 精神和宗教价值 教育价值 审美价值 故土情 文化遗产价值 娱乐与生态旅游价值

6.3　海岸带生态健康指标体系

根据以上确定的生态健康指标体系框架，结合海岸带生态系统的特征，构建出海岸带生态系统健康指标体系，见表6-7所示。共分3个部分：总目标指标层，包含1个综合评价指标：海岸带生态健康指数，用符号I表示；分目标层，包含4个层次，分别对应生态系统成分、结构和功能，从第1分目标层到第4分目标层逐层细化，分别用符号a、b、c、d表示，第1分目标层含有指标3个，第2分目标层含有指标10个，第3分目标层含有指标43个，第4分目标层含有指标44个；操作指标层，主要与第3和第4分目标层的指标相对应，是可以进行实际评价的指标，用符号e表示，共有54个。

表 6-7 海岸带生态系统健康指标体系

总目标层	第1分目标层	第2分目标层	第3分目标层	第4分目标层	操作指标	指标性质
海岸带生态健康指数 I	a1 成分	b1 非生物成分	c1 气候环境	d1 降雨量	e1 降雨量变化	ER
				d2 气温	e2 气温变化	ER
				d3 气象灾害	e3 台风、风暴潮侵袭	EAM
			c2 大气环境	d4 大气质量	e4 大气质量变化	ESRAM
			c3 土地环境	d5 湿地变化	e5 湿地面积变化	DCRM
					e6 湿地质量变化	ECM
				d6 土地流失	e7 土地流失面积	DCAM
				d7 土地利用状况	e8 土地利用变化	DCM
				d8 海域底质状况	e9 淤积量变化	DCM
					e10 底质污染	ER
			c4 水环境	d9 水文水动力	e11 纳潮量变化	ECRM
					e12 纳潮面积变化	DCM
				d10 水资源	e13 人均水资源变化	D
				d11 海水水质	e14 无机氮浓度	ECAM
					e15 活性磷浓度	ECAM
					e16 溶解氧浓度	ESRAM
					e17 化学耗氧量	EAM
					e18 pH	EA
					e19 重金属	ECM
					e20 环境激素	DCM
		b2 生物成分	c5 动物成分	d12 陆地动物成分	e21 白鹭安全评价	DSCRM
				d13 浮游动物成分	e22 浮游植物细胞数	DS
				d14 游泳动物成分	e23 中华白海豚安全状态	DCRM
					e24 鱼种数量变化	DCM
					e25 鱼种个体变化	DC
				d15 潮间带动物成分	e26 潮间带生物量	DS
					e27 潮间带个体变化	DC
				d16 底栖动物成分	e28 文昌鱼安全评价	DSCM
					e29 底栖动物量变化	ESC
					e30 底栖个体变化	DSC
			c6 植物成分	d17 陆上植物成分	陆上植物代表种变化	OM
					e31 植被覆盖率	ECAM
				d18 潮间带植物成分	e32 红树林面积变化	ESCRM
				d19 浮游植物成分	e33 叶绿素 a 含量	ESR
					e22 浮游植物细胞数	E
			c7 微生物成分	d20 海水微生物	e34 大肠杆菌含量	ESAM

总目标层	第1分目标层	第2分目标层	第3分目标层	第4分目标层	操作指标	指标性质
海岸带生态健康指数 I	a2 结构	b3 景观结构	c8 景观多样性		e35 海岸景观多样性	E
			c9 景观破碎度		e36 海岸破碎度	ES
			c10 景观连接度		e37 海岸线变化	E
		b4 营养物质分布	c11 水资源分布	d21 淡水分布	e31 植被覆盖率	E
			c12 营养物质分布	d22 陆地营养物分布	e31 植被覆盖率	E
				d8 海域底质分布	e9 淤积量变化	D
				d23 湿地分布	e5 湿地面积变化	D
		b5 生物量	c13 陆地生物量	d24 陆地动物生物量	e38 白鹭种群变化	ESRM
				d25 陆地植物生物量	e31 植被覆盖率	ECR
			c14 浮游生物量	d26 浮游生物量	e22 浮游植物细胞数	ES
			c15 游泳动物量	d27 游泳动物量	e24 鱼类数量变化	DC
			c16 底栖动物量	d28 底栖动物量	e29 底栖动物量变化	ESC
		b6 营养层级	c17 营养层级	d29 营养层级数	e39 营养层级评价	DC
		b7 群落结构	c18 群落种类组成	d30 陆地生物组成	e40 陆地生物入侵	DSC
				d31 潮间带生物组成	e27 潮间带个体变化	DSC
				d32 浮游生物组成	e41 赤潮发生频次	DC
				d33 游泳动物组成	e25 鱼类个体变化	DCM
				d34 底栖动物组成	e30 底栖个体变化	ESC
			c19 生物多样性	d35 陆地生物多样性	e42 鸟类多样性	DC
				d36 潮间带生物多样性	e43 潮间带生物多样性	ESC
				d37 浮游生物多样性	e44 浮游生物多样性	DC
				d38 游泳动物多样性	e24 鱼种数量变化	DCM
				d39 底栖动物多样性	e45 底栖动物多样性	ESC
			c20 r/K 对策物种	d40 r/K 对策选择	e30 底栖个体变化	EC
				植物	植物个体变化	OC
		b8 种群结构	c21 年龄结构		e46 中华白海豚年龄结构	EC
			性别比例		中华白海豚性别比例	OC
			c22 出生/死亡率		e47 白鹭孵化率	DC
			c23 内禀增长率		e38 白鹭种群变动	DRCM

总目标层	第1分目标层	第2分目标层	第3分目标层	第4分目标层	操作指标	指标性质
海岸带生态健康指数 I	a3 功能	b9 自身运行功能	c24 物质循环	d41 水循环	e1 降水量变化	DC
				d42 营养物循环	e48 物质循环评价	DC
				d43 初级生产力	e33 叶绿素 a 含量	DSC
			c25 能量流动	d43 初级生产力	e33 叶绿素 a 含量	DSC
				d29 营养层级数	e39 营养级层数	DC
			信息传递	化学信息传递	共生现象	O
				物理信息传递	共生现象	O
			c26 演替过程	d44 演替阶段	e49 外来物种入侵	DR
		b10 生态服务功能	c27 气体调节		e5 湿地面积变化	ECM
			c28 气候调节		e31 植被覆盖率	ECM
			c29 干扰调节		e50 红树林面积变化和滩涂湿地变化	ECM
			c30 水分调节		e5 湿地面积变化	ECM
			c31 水分供给		e5 湿地面积变化	ECM
			c32 侵蚀控制和沉积物保持		e31 植被覆盖率	ECM
			c33 土壤形成		e31 植被覆盖率	ECM
			c34 养分循环		e31 植被覆盖率	ECM
			c35 废物处理		e50 红树林面积变化和滩涂湿地变化	ECM
			c36 传授花粉		e51 草地耕地的面积变化指标	ECM
			c37 生物控制		e52 草地耕地的面积变化指标和湿地面积变化指标	ECM
			c38 庇护所		e50 红树林面积变化和滩涂湿地变化	ECM
			c39 食物生产		e32 红树林面积变化	ECM
			c40 原材料		e53 植被覆盖率指标和红树林面积变化指标	ECM
			c41 遗传资源		e31 植被覆盖率指标	ECM
			c42 休闲		e54 植被覆盖率指标、红树林面积变化或湿地面积变化	ECM
			c43 文化		e5 湿地面积变化	ECM

注：在指标体系中可省略没有数据的指标，见斜体表示。I 代表海岸带生态健康指数；a_i 代表第1分目标层指标；b_i 代表第2分目标层指标；c_i 代表第3分目标层指标；d_i 代表第4分目标层指标；e_i 代表操作性指标。

6.4　海岸带生态健康状态评价操作指标选取

6.4.1　指标的重叠与替代

　　有些指标数据无法获得，因此在指标体系中只能删略。根据指标性质的判断，难以定量而且难以获取监测数据的操作指标作为不适合操作指标，可以放弃，例如：陆上植物代表种变化指标、植物个体变化指标、中华白海豚性别比例指标、共生现象指标为不适合操作指标。而有些指标很难直接获得数据，但是该指标又很重要，不能忽略，需要通过其他较易获得的指标进行替代；另一方面，操作指标对于分目标层中指标的指示往往具有一定的重叠性和重复性，因此需要对各分目标层延伸出的操作指标的内涵进行分析，将内涵重叠或重复的分目标指标用同一个操作指标指示，从而减少操作指标实际使用的数量。其中：

　　（1）浮游动物数量变化指标通常指测量浮游动物的细胞数量，由于相关数据难以获得，且浮游动物与浮游植物呈显著的相关性，因此可用浮游植物细胞数量指标替代。

　　（2）景观聚集度主要体现人类活动对海岸带物理形状的改变，由于海岛形状指数中变化最明显的主要是海岸线，因此利用海岸线的长度变化代替。

　　（3）水资源分布中相当部分属于地下水资源，很难直接测量，通过植被覆盖率代替表示。

　　（4）海域底质类型的分布的变化主要反映在淤积，因此可利用淤积量变化指标代替。

　　（5）陆地植物生物量直接调查困难，可利用植被覆盖率代替。

　　（6）鱼类数量变化指标直接调查困难，可利用鱼种数量变化代替。

　　（7）潮间带群落变化以通过整个群落的平均个体变化反映，因此利用潮间带个体变化指标代替。

　　（8）浮游植物群落变化的显著影响是赤潮的发生，因此利用赤潮产生频率来代替。

　　（9）底栖动物群落变化由底栖动物个体变化指标代替。

　　（10）游泳动物多样性指标难以调查，利用经济捕捞鱼种数量的变化代替。

　　（11）内禀增长率以白鹭为例，由于同白鹭的孵化率有很大联系，因此用白鹭孵化率代替。

　　（12）营养物质的循环指标难以直接测量，陆上、潮间带和海域的物质循环可以通过浮游生物的初级生产力、红树林面积变化和植被覆盖率3个指标的评价值平均值代替。

　　（13）演替过程由于主要受人类活动及外来物种入侵的影响而产生，因此利用外来物种入侵指标代替。

（14）生态服务功能指标采用 Costanza 等（1997）的服务功能分类系统，即通过对热带亚热带森林、草地、红树林、滩涂湿地、河流/湖泊、耕地和近海 7 种生态系统类型的单位面积年均对应的 17 项服务功能的价值进行评价。因此可以利用 7 种生态系统面积的变化作为对服务功能变化的替代，同时利用单位面积年均的价值量作为衡量不同生态系统在某项服务功能的权重。

在对各个操作指标进行分析和替代后，海岸带生态健康现状评价指标体系总共选取了操作指标 54 个（删去了难以量化评价，且无法获得数据的 5 个指标），但是目前操作指标没有考虑到指标之间的联系、资料获取难易程度、评估可靠性，以及管理需求等方面的限制，因此还需实施进一步的筛取。

6.4.2　网状指标体系构建

分析表 6-7 中各层次指标之间交叉和重叠关系，并建立网状连接。采取逐层逐个分析，即依次从第 2 层（第 1 分目标层）开始分析该层各个指标与上层指标的关系，只选取明显和重要的重叠或交叉关系。鉴于网状指标体系的划分原则——一个生态指标不能与其衍生出的指标连接，总目标层指标只与第 1 分目标层的指标产生联系，具体见图 6-2。

6.4.3　指标权重的确定

首先对网状指标体系各层次的重叠和交叉关系分解，然后利用层次分析法分别计算出各层指标的权重，然后，将重复或交叉指标的权重相加合并，获得最终的操作指标层指标的权重，如表 6-8 所示。

表 6-8　海岸带生态健康网状指标体系权重

第 1 分目标		第 2 分目标		第 3 分目标		第 4 分目标		操作指标	
a1	0.333 3	b1	0.133 2	c1	0.040 0	d1	0.014 5	e1	0.043 1
a2	0.333 3	b2	0.133 2	c2	0.013 3	d2	0.014 5	e2	0.014 5
a3	0.333 3	b3	0.066 6	c3	0.040 0	d3	0.013 3	e3	0.013 3
		b4	0.066 6	c4	0.040 0	d4	0.013 3	e4	0.013 3
		b5	0.099 9	c5	0.057 3	d5	0.010 0	e5	0.027 4
		b6	0.033 3	c6	0.057 3	d6	0.011 8	e6	0.002 5
		b7	0.066 6	c7	0.018 6	d7	0.030 0	e7	0.011 8
		b8	0.066 6	c8	0.040 0	d8	0.021 1	e8	0.030 0
		b9	0.166 5	c9	0.020 0	d9	0.013 3	e9	0.010 5

第 1 分目标		第 2 分目标		第 3 分目标		第 4 分目标		操作指标	
		b10	0.166 5	c10	0.006 7	d10	0.013 3	e10	0.010 5
				c11	0.033 3	d11	0.013 3	e11	0.008 9
				c12	0.033 3	d12	0.011 5	e12	0.004 4
				c13	0.040 0	d13	0.011 5	e13	0.013 3
				c14	0.020 0	d14	0.011 5	e14	0.001 3
				c15	0.020 0	d15	0.011 5	e15	0.001 3
				c16	0.020 0	d16	0.011 5	e16	0.002 7
				c17	0.020 0	d17	0.022 4	e17	0.001 3
				c18	0.026 7	d18	0.019 1	e18	0.001 3
				c19	0.040 0	d19	0.019 1	e19	0.002 7
				c20	0.013 4	d20	0.018 6	e20	0.002 7
				c21	0.022 2	d21	0.033 3	e21	0.011 5
				c22	0.022 2	d22	0.010 0	e22	0.041 0
				c23	0.022 2	d23	0.010 0	e23	0.005 7
				c24	0.071 6	d24	0.020 0	e24	0.030 9
				c25	0.071 6	d25	0.020 0	e25	0.008 2
				c26	0.023 0	d26	0.020 0	e26	0.005 7
				c27	0.007 0	d27	0.020 0	e27	0.011 1
				c28	0.005 8	d28	0.020 0	e28	0.005 7
				c29	0.002 4	d29	0.037 9	e29	0.022 9
				c30	0.001 0	d30	0.005 3	e30	0.021 6
				c31	0.000 2	d31	0.005 3	e31	0.119 8
				c32	0.007 1	d32	0.005 3	e32	0.039 8
				c33	0.000 3	d33	0.005 3	e33	0.077 6
				c34	0.023 9	d34	0.005 3	e34	0.018 6
				c35	0.021 7	d35	0.008 0	e35	0.020 0
				c36	0.001 0	d36	0.008 0	e36	0.020 0
				c37	0.002 2	d37	0.008 0	e37	0.006 7
				c38	0.015 9	d38	0.008 0	e38	0.042 2
				c39	0.020 7	d39	0.008 0	e39	0.037 9
				c40	0.013 7	d40	0.013 4	e40	0.005 3
				c41	0.001 1	d41	0.028 6	e41	0.005 3
				c42	0.040 8	d42	0.028 6	e42	0.008 0
				c43	0.001 7	d43	0.068 0	e43	0.008 0
						d44	0.023 0	e44	0.008 0

续表

第1分目标		第2分目标		第3分目标		第4分目标		操作指标	
								e45	0.008 0
								e46	0.022 2
								e47	0.022 2
								e48	0.028 6
								e49	0.023 0
								e50	0.040 0
								e51	0.001 0
								e52	0.002 2
								e53	0.013 7
						e*	0.275 7	e54	0.040 8
总计	0.999		0.999		0.999		1.000 1		1.000 1

注：各层次由于小数进行四舍五入约分，允许总数有 0.000 1 以内的变化；e^* 表示由于直接分配到操作指标而使第 4 分目标层损失的权重总数。

6.4.4　操作指标性质分析

6.4.4.1　操作指标的性质

操作指标的性质通常可以按照操作指标的评价方式，获取数据的难易程度，指标的敏感性、累积性、典型性、公认性和可管理性进行分类，对海岸带生态健康指标体系中操作指标的性质判定见表 6-7。

（1）操作指标的评价方式可分为定性（Qualitative，用 L 表示）、定量（Quantitative，用 N 表示）、半定量（Semi-quantitative，用 H 表示）；定性评价中隶属度主要通过对照描述分级标准获得；定量评价中隶属度通过对照分级标准获得；半定量评价中隶属度通过对照分级标准获得，但在模拟点隶属度的确定参考描述分级标准获得。

（2）操作指标的选取要考虑到数据获得的难易程度，分为：没有数据（No data，用 O 表示）、难以获得数据（Obtain difficult，用 D 表示）、容易获得数据（Obtain easy，用 E 表示）。

（3）操作指标的敏感性（Sensitivity，用 S 表示），指对压力反应的快慢和强弱程度。

（4）操作指标的累积性（Cumulative，用 C 表示），即指标所指示的变化会随时间或空间而累积。

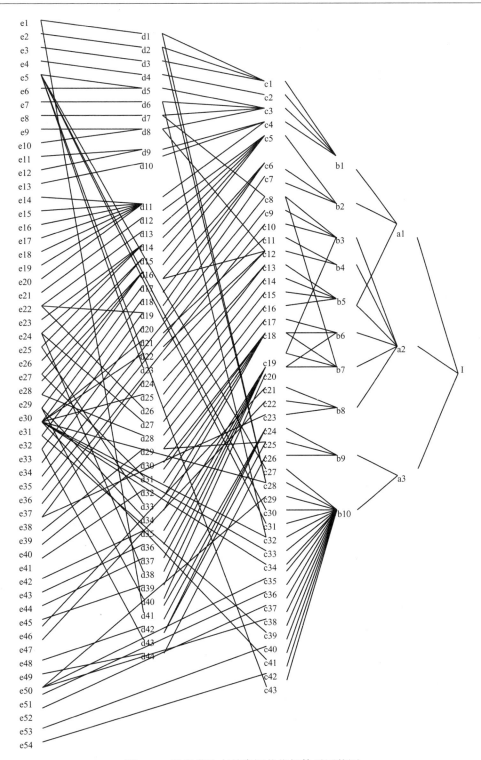

图 6-2　海岸带生态健康评价指标体系网状图

（5）操作指标对所代表分目标指标是否具有典型性（Representative，用 R 表示）；同时考虑其对所属的更高层次目标的典型性。

（6）操作指标的公认性（Common criteria，用 A 表示），是指标是否具有严格或公认评价标准。

（7）操作指标的管理性（Adapted to management，用 M 表示），是指标能否通过管理措施进行控制。

根据生态健康评价的目标，选择敏感性且可管理性（SM），典型性且可管理性（RM）指标作为必选指标，对操作指标进行初次筛选，得出 e4、e5、e11、e16、e21、e23、e28、e32、e34、e38 为必选指标。

6.4.4.2　操作指标重要性判别

重要操作指标是指对生态健康综合指数影响较大的操作指标，可依据归一化的操作指标权重（图 6-3），对操作指标的重要性进一步进行分析。根据指标的数量以及各个指标权重间的差距，将海岸带生态健康操作指标体系划分为 3 个等级：重要指标（权重值≥0.04）；次重要指标（0.04≥权重值>0.02）；一般指标（0.02≥权重值>0）。

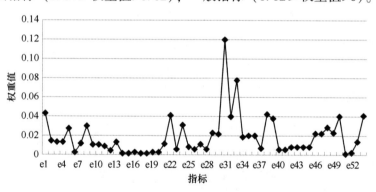

图 6-3　海岸带生态健康操作指标体系权重分布

重要指标（7 个）：降雨量变化 e1；浮游植物细胞数 e22；植被覆盖率 e31；叶绿素 a 含量 e33；白鹭种群变化 e38；红树林面积变化和滩涂湿地变化 e50；植被覆盖率指标、红树林面积变化湿地面积变化 e54。

次重要指标（13 个）：湿地面积变化 e5；土地利用评价 e8；鱼种数量变化 e24；底栖动物量变化 e29；底栖动物个体变化 e30；红树林面积变化 e32；海岸线景观多样性评价 e35；海岸线破碎度 e36；营养层级评价 e39；中华白海豚年龄结构 e46；白鹭孵化率 e47；物质循环评价指标 e48；外来物种入侵 e49。

一般指标（34 个）：略，见表 6-9。

表 6-9　操作指标重要性的划分

重要指标	权重值	次重要指标	权重值	一般指标	权重值
e1	0.043 1	e5	0.027 4	e2	0.014 5
e22	0.041 0	e8	0.030 0	e3	0.013 3
e31	0.119 8	e24	0.030 9	e4	0.013 3
e33	0.077 6	e29	0.022 9	e6	0.002 5
e38	0.042 2	e30	0.021 6	e7	0.011 8
e50	0.040 0	e32	0.039 8	e9	0.010 5
e54	0.040 8	e35	0.020 0	e10	0.010 5
		e36	0.020 0	e11	0.008 9
		e39	0.037 9	e12	0.004 4
		e46	0.022 2	e13	0.013 3
		e47	0.022 2	e14	0.001 3
		e48	0.028 6	e15	0.001 3
		e49	0.023 0	e16	0.002 7
				e17	0.001 3
				e18	0.001 3
				e19	0.002 7
				e20	0.002 7
				e21	0.011 5
				e23	0.005 7
				e25	0.008 2
				e26	0.005 7
				e27	0.011 1
				e28	0.005 7
				e34	0.018 6
				e37	0.006 7
				e40	0.005 3
				e41	0.005 3
				e42	0.008 0
				e43	0.008 0
				e44	0.008 0
				e45	0.008 0
				e51	0.001 0
				e52	0.002 2
				e53	0.013 7
总计	0.404 5		0.346 5		0.249 0

6.4.4.3　生态完整性操作指标的确定

为达到操作指标体系生态完整性的需要，在选取操作指标时，位于底层的分目标层的各个指标（包括第 4 分目标层全部指标和第 3 分目标层部分指标）至少应有一个操作指标来指示。因此构建操作指标对底层分目标层次指标的指示关系表，如表 6-10。

表 6-10　第 3、4 分目标层指标与操作指标的指示关系表

分目标指标（对应的操作指标）		
c8（e35，e8*）	d1（e1）	d24（e38）
c9（e36）	d2（e2）	d25（e31）
c10（e37）	d3（e3）	d26（e22）
c21（e46）	d4（e4）	d27（e24）
c22（e47）	d5（e5，e6）	d28（e29）
c23（e38）	d6（e7）	d29（e39）
c27（e5）	d7（e8）	d30（e40）
c28（e31，e1*，e2*）	d8（e9，e10）	d31（e27）
c29（e50）	d9（e11，e12）	d32（e41）
c30（e5）	d10（e13）	d33（e25）
c31（e5）	d11（e14，e15，e16，e17，e18，e19，e20）	d34（e30）
c32（e31，e7*）	d12（e21）	d35（e42）
c33（e31）	d13（e22）	d36（e43）
c34（e31）	d14（e23，e24，e25）	d37（e44）
c35（e50）	d15（e26，e27）	d38（e24）
c36（e51）	d16（e28，e29，e30）	d39（e45）
c37（e52）	d17（e31）	d40（e30）
c38（e50）	d18（e32）	d41（e1）
c39（e32）	d19（e22，e33）	d42（e48）
c40（e53）	d20（e34）	d43（e33）
c41（e31）	d21（e31）	d44（e49）
c42（e54）	d22（e31）	
c43（e5）	d23（e5）	

注：＊表示 c 指标通过 b 层次指标联系到的 e 操作指标。

当底层分目标指标有唯一操作指标指示时，该操作指标即为生态完整性指标。首先，由表 6-10 可以确定的生态完整性操作指标为：e1、e2、e3、e4、e5、e7、e8、e13、e21、e22、e24、e25、e27、e29、e30、e31、e32、e33、e34、e36、e37、e38、e39、e40、e41、 e42、e43、e44、e45、e46、e47、e48、e49、e50、e51、e52、e53、e54，共 38 个。

由表 6-10 还可以确定生态完整性操作指标的选取范围：d5（e5、e6）、d8（e9、e10）、d9（e11、e12）、d11（e14、e15、e16、e17、e18、e19、e20）、d14（e23、e24、e25）、d15（e26、e27）、d16（e28、e29、e30）、d19（e22、e33）、c8（e35、e8）、c28（e31、e1、e2）、c32（e31、e7）中每个 d 指标必须选中一个操作指标来表示。

由于事先确定的必选指标和生态完整性指标的要求有重叠，即选取的必选指标已经满足生态完整性操作指标选取的要求，如必选指标 e11 作为生态完整性指标可以指示 d9，因此可简化第二步的选取范围为：在 d8（e9、e10）中选中一个操作指标来表示。

6.4.5　现状评价操作指标选取

科学的指标选取需要科学的方法来进行规范，结合整数规划方法和生态健康指标的四大要求——科学性、完整性、可操作性和实用性，本书构建了满足以上要求的海岸带生态健康现状操作指标选取整数规划数学模型，模型的目标方程集中体现实用性：要求实际中使用的操作指标数量最少；模型的约束条件分别体现科学性、完整性和可操作性。

6.4.5.1　指标选取的整数规划模型

目标方程：

$$\min Z = \sum_{i=1}^{n} X_i \qquad (6-1)$$

式中：X_i 代表可操作指标 ei，X_i 等于 1 表示 ei 被选择；X_i 等于 0 表示 ei 不被选择。

约束条件：

（1）重要指标和必要指标必须选取；（保持科学性和操作性）

（2）满足生态完整性要求：至少选取一个操作指标来指示最底层的分目标层的各个指标；（保持生态完整性）

（3）$\sum_{i=1}^{n} X_i \times W_i \geqslant 0.85$，$W_i$ 是代表可操作指标 ei 的权重；（完整性与实用性的协调）

（4）X_1，X_2，$X_3 \cdots X_n$ 为正整数（$X_n = 0$ 或 1）。

6.4.5.2　指标选取过程与结果

步骤 1：选取必选指标（包括重要指标和必要指标），根据对操作指标性质的分析，以及约束条件 1 的要求，选择指标（表 6-11）。

表 6-11　必选操作指标及其权重

操作指标	权重	操作指标	权重	操作指标	权重	操作指标	权重
e1	0.043 1	e22	0.041 0	e34	0.018 6	e46	0.022 2
e2	0.014 5	e23	0.005 7	e36	0.020 0	e47	0.022 2
e3	0.013 3	e24	0.030 9	e37	0.006 7	e48	0.028 6
e4	0.013 3	e25	0.008 2	e38	0.042 2	e49	0.023 0
e5	0.027 4	e27	0.011 1	e39	0.037 9	e50	0.040 0
e7	0.011 8	e28	0.005 7	e40	0.005 3	e51	0.001 0
e8	0.030 0	e29	0.022 9	e41	0.005 3	e52	0.002 2
e11	0.008 9	e30	0.021 6	e42	0.008 0	e53	0.013 7
e13	0.013 3	e31	0.119 8	e43	0.008 0	e54	0.040 8
e16	0.002 7	e32	0.039 8	e44	0.008 0		
e21	0.011 5	e33	0.077 6	e45	0.008 0		

步骤 2：计算必选操作指标的权重总和，必选指标的权重和为 0.935 8，已经超过操作指标要求的 0.85，满足约束条件 3，但是目前还没有满足约束条件 2。

步骤 3：在未被选择的底层分目标指标对应的操作指标中分别选取一个权重最大的指标，即在 d8（e9、e10）中选择一个权重最大的 e 指标：e9。

此时选取的操作指标的权重和为 0.946 3，此时满足所有约束条件，解题完成。最终获得的操作指标是：e1、e2、e3、e4、e5、e7、e8、e9、e11、e13、e16、e21、e22、e23、e24、e25、e27、e28、e29、e30、e31、e32、e33、e34、e36、e37、e38、e39、e40、e41、e42、e43、e44、e45、e46、e47、e48、e49、e50、e51、e52、e53、e54，共 43 个。这些操作指标涵盖了所有 7 个重要操作指标和 12 个比较重要操作指标中的 11 个，除了 e35 海岸带景观多样性指标。

6.4.6　回顾评价操作指标选取

6.4.6.1　回顾评价操作指标选取要求

现状评价是针对现在某一年或某一时间的生态健康状态进行静态评价。回顾性评价是一种较长时间内的对目标生态健康状态进行的动态评价。如果将现状评价比作对生态系统当前健康状态的一个全景分析，那么回顾性评价可以比作是对生态系统历史健康状态的历史分析。回顾性评价的主要目的是对比分析现状，也可以对未来的发展趋势进行预测。

由于回顾性评价的时间跨度大，如果全部利用现状指标，所需收集的数据数量将成倍大于现状评价，实施很困难；另一方面由于针对有些指标的研究仅在最近时间，难找与之相同的历史数据。从回顾性评价的目的出发，考虑到以上的限制，本书提出选取海岸带生态健康回顾性评价操作指标的具体要求：

（1）考虑到指标体系的科学性、生态完整性、操作性和实用性，以及与现状指标的可比性，回顾性评价的操作指标体系在现状指标体系的网状结果基础上进行筛选要求指标权重总和不小于 0.5；

（2）考虑到指标体系的科学性以及与现状指标的可比性，回顾性评价的操作指标必须包含所有现状评价中的 7 个重要操作指标；

（3）考虑到指标的生态完整性及实用性，选取的指标必须对应 b 层所有分目标指标；

（4）考虑到操作性和实用性，选取历史数据较完整的指标。

6.4.6.2　指标选取的整数规划模型

目标方程：

$$\min U = \sum_{i=1}^{n} Y_i \tag{6-2}$$

式中：Y_i 是代表回顾性操作指标 ei，Y_i 等于 1 表示 ei 被选择；Y_i 等于 0 表示 ei 不被选择；

约束条件：

（1）重要操作指标必须选取；

（2）满足生态完整性要求：至少选取一个操作指标来指示 b 层的分目标层的各个指标；

（3）$\sum_{i=1}^{n} Y_i \times W_i \geqslant 0.50$，$W_i$ 是代表可操作指标 ei 的权重；

（4）Y_1，Y_2，$Y_3 \cdots$（$Y_n = 0$ 或 1）。

6.4.6.3　选取过程与结果

步骤 1：选取必选操作指标（现状评价指标体系中的重要指标）。现状评价指标体系中的重要指标包括：降雨量变化 e1；浮游植物细胞数 e22；植被覆盖率 e31；叶绿素 a 含量 e33；白鹭种群变化 e38；红树林面积变化和滩涂湿地变化 e50；植被覆盖率指标、红树林面积变化或湿地面积变化 e54。7 个操作指标权重和为 0.404 5（在现状评价操作指标体系中的权重）。

步骤 2：分析重要操作指标与 b 层分目标层指标的对应情况，见表 6-12。

表 6-12 重要操作指标与 b 层指标的对应情况

操作指标（b 层指标）
e1（b1，b9，b10）
e22（b2，b5）
e31（b2，b4，b5，b6，b10）
e33（b2，b9）
e38（b5，b8）
e50（b10）
e54（b10）

由此可知：重要操作指标对应的 b 层分目标为 b1、b2、b4、b5、b6、b8、b9、b10。

步骤 3：在 b3、b7 分目标所对应的操作指标中各选取 1 个权重最大的操作指标。其中各分目标与操作指标的对应情况是：b3（e8、e24、e30、e35、e36、e37、e42、e43、e44、e45），b7（e8、e24、e25、e27、e30、e40、e41、e42、e43、e44、e45）。因此，在 b3 和 b7 对应的操作指标中选取权重最大的指标：e24（权重为 0.030 9）。至此，已选择的回顾性指标的权重和为 0.435 4。

步骤 4：在未选的现状评价操作指标中依次选取权重最大的指标，直到满足权重和大于或等于 0.50。由此选出的回顾性指标为：e8（权重为 0.03），e30（权重为 0.021 6），e36（权重为 0.02）。此时选取的回顾性操作指标为 11 个：e1、e8、e22、e24、e30、e31、e33、e36、e38、e50、e54，如表 6-13，权重总和为 0.508 0。

步骤 5：根据所选指标在现状评价中的权重，进行归一化处理，获得回顾性评价的操作指标权重。

表 6-13 海岸带生态健康回顾性评价操作指标及其权重

回顾性操作指标	权重值	标准化权重	历史数据
e1 降雨量变化 *	0.043 1	0.085 1	有
e8 土地利用评价	0.030 0	0.059 2	有
e22 浮游植物细胞数 *	0.041 0	0.080 9	无
e24 鱼种数量变化	0.030 9	0.060 9	有
e30 底栖动物个体变化	0.021 6	0.042 6	有
e31 植被覆盖率	0.119 8	0.236 3	有
e33 叶绿素 a 含量	0.077 6	0.153 0	有
e36 海岸线破碎度	0.020 0	0.039 5	有
e38 白鹭种群变化	0.042 2	0.083 2	有
e50 红树林面积变化和滩涂湿地变化	0.040 0	0.078 9	有

回顾性操作指标	权重值	标准化权重	历史数据
e54 植被覆盖率指标、红树林面积变化或湿地面积变化	0.040 8	0.080 5	有
总计	0.507 0	1.000 0	

注：＊考虑到生态健康诊断的需要，e1 降雨量变化指标在回顾中采用年酸雨发生频率进行替代，以年酸雨发生率 0 为最健康，隶属度为 1.0，发生率为 100% 为不健康，隶属度为 0。e22 浮游植物细胞数缺乏长期监测数据，考虑到细胞数量的变化与海水富营养化和赤潮发生直接相关，因此用年赤潮发生频率代替。

第7章 海岸带生态健康状态评价案例分析

7.1 评价目的和内容

海岸带生态系统健康评价的目的是：以厦门海岸带为例，分析海岸带生态系统的健康状态或健康程度，并给予定量化评价。海岸带生态健康评价分为现状评价和回顾性评价两部分；前者从全景阐明在当前阶段厦门海岸带生态系统的健康状态，后者通过历史至今的变化分析阐述厦门海岸带生态健康状态的动态特征，从而结合现状评价全面分析厦门海岸带生态系统的健康状态。

7.2 数据来源与年代划分

研究中所使用的数据来自文献资料、相关研究调查以及专家访谈。现状指标的数据一般选用 2004 年数据，如果无法获得 2004 年数据，则使用 2000 年至今某一年数据或距离 2000 年最近的当年调查数据。

回顾性评价指标的数据根据年代进行划分，1980 年之前、1980—1990 年、1990—2000 年、2000 年以后数据视为现状值。由于数据的分散性，针对各年代的数据选择可以分为 3 种：典型年份（只有一年数据或认为比较典型的某年）；平均值（将收集到的某个年代的多年数据平均）；其他（利用其他处理方法获得的代表性数据值）。

7.3 指标评价方法构建

针对评价指标参照相关文献设立评价标准（一般分为 5 级），按照评价标准和指标特征采用模糊理论选择相应的隶属函数，计算指标对应标准的生态健康隶属度（取值范围：实数 0~1），然后根据操作指标的权重，利用加权综合指数计算公式获得整个海岸带生态系统的健康状态隶属度。

$$I = \sum_{i=1}^{n} e_i \times w_i \qquad (7-1)$$

式中：I 代表海岸带生态健康指数；e_i 代表操作指标的生态健康隶属度；w_i 代表操作指标的生态权重；n 代表选取的操作指标数目。

7.3.1　评价标准的划分

对于生态指标的评价是根据客观依据通过人脑的判断产生的，因此各个生态指标评价值与指标实际监测值之间存在模糊隶属关系。结合模糊理论的隶属度概念，将生态系统健康的评价描述利用隶属度进行代表。

指标评价等级的划分：将各个操作指标的评价结果分为 5 个层级：健康 0.8~1，比较健康 0.6~0.8，一般 0.4~0.6，比较不健康 0.2~0.4，不健康 0~0.2（表 7-1）。不同的操作指标需要进行无量纲化处理，通过建立不同的评价标准和准则，根据具体指标的生态学特征选择合适的隶属函数，对应 5 个评价标准计算隶属度。

表 7-1　生态健康评价标准描述与对应的隶属度范围

评价描述	不健康	较不健康	中等健康	较健康	健康
隶属度	0~0.2	0.2~0.4	0.4~0.6	0.6~0.8	0.8~1.0

7.3.2　隶属函数的选取

对各个生态指标评价值（隶属度）与指标实际监测值之间隶属函数的选取对于评价生态指标非常关键，根据指标监测值与评价值之间基本的关系可以划分为 3 种类型：递增型、中间型和递减型。递增型的隶属度伴随着指标值的增加而增加，递减型的隶属度伴随着指标值的增加而减小，中间型的隶属度在某个指标监测值最高，小于或大于这个监测值分别呈现出递增型和递减型变化。由于采用的指标众多，本研究对 3 种曲线变化的具体形式不做深入分析（如递增型函数还包括指数递增和对数递增等），仅采用简单的直线函数代表，见图 7-1 所示。

使用模型中须事先确定各个模型的参数，选取拟合模型的 2 个或 3 个确定点。对于递增函数和递减函数需要确定两个点 L_1 和 L_2，对于中间函数需确定 3 个点：转折点 M（隶属度最高，等于 1.0），以及递增和递减曲线上各一点：I 和 D。对于点 L_1、L_2 和 M 对应的隶属度参照指标监测值与评价值之间的相关关系，需根据生态学原理、已有评价结果或专家

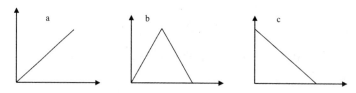

图 7-1 生态健康评价中使用的 3 种简单隶属函数曲线

a 为递增型隶属函数曲线；b 为中间型隶属函数曲线；

c 为递减型隶属函数曲线。曲线的起点不一定要从原点开始

意见事先确定。

注意在选择确定点时最好取靠近目标监测值上下附近的点，这样可以有效将所求指标的隶属度控制在模型拟合较好的范围，如图 7-2 可知，点 A、B 确定的拟合曲线要明显比 A、C 点确定的拟合曲线所求出的 D 点隶属度更接近实际曲线的隶属度。

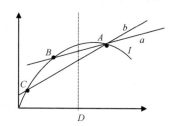

图 7-2 确定点的选择对隶属度评价准确性的影响

I 曲线为真实隶属度变化曲线，a 和 b 为拟合曲线，其中 A、B 和 C 为事先选定的 3 个确定点

7.3.3 隶属函数方程的选择

（1）递增型函数的表达方程：

$$L = L_1 + \frac{(X - X_1)}{(X_2 - X_1)} \times (L_2 - L_1) \qquad (7-2)$$

式中：L 表示该生态指标的隶属度；X 表示该生态指标的监测值；L_1 表示点 L_1 对应的隶属度；L_2 表示点 L_2 的隶属度；X_1 表示点 L_1 对应的生态指标值；X_2 表示点 L_2 对应的生态指标值；$X_1 < X_2$；$L_1 < L_2$。

（2）递减型函数的表达方程：

$$L = L_2 + \frac{(X - X_2)}{(X_1 - X_2)} \times (L_1 - L_2) \qquad (7-3)$$

式中：L 表示该生态指标的隶属度；X 表示该生态指标的监测值；L_1 表示点 L_1 对应的隶属

度；L_2 表示点 L_2 的隶属度；X_1 表示点 L_1 对应的生态指标值；X_2 表示点 L_2 对应的生态指标值；$X_1 < X_2$；$L_1 > L_2$。

（3）中间型函数的表达方程：

$$
\begin{cases}
L = L_1 + \dfrac{(X - X_1)}{(X_m - X_1)} \times (L_m - L_1) & (X < X_m) \\
L = 1 \,(X = X_m) \\
L = L_2 + \dfrac{(X - X_2)}{(X_m - X_2)} \times (L_m - L_2) & (X > X_m)
\end{cases}
\tag{7-4}
$$

式中：L 表示该生态指标的隶属度；X 表示该生态指标的监测值；L_m 表示点 M 对应的隶属度；L_1 表示点 L_1 对应的隶属度；L_2 表示点 L_2 的隶属度；X_m 表示点 M 对应的生态指标值；X_1 表示点 L_1 对应的生态指标值；X_2 表示点 L_2 对应的生态指标值；$X_1 < X_m < X_2$；$L_m > L_2$，L_1。

（4）分段型隶属度函数的表达方程：

对于划分标准数值变化不均匀的曲线可采用分段函数模拟，如对大气质量指数使用递增型分段隶属度函数。

其隶属度表达方程：

$$
L = L_n + \frac{(X - X_n)}{(X_{n+1} - X_n)} \times (L_{n+1} - L_n)
\tag{7-5}
$$

式中：L 表示生态指标的隶属度；X 表示生态指标的监测值；L_n 表示第 n 级标准的隶属度；L_{n+1} 表示第 $n+1$ 级标准的隶属度；X_{n+1} 表示第 $n+1$ 级标准对应的生态指标值；X_n 表示第 n 级标准对应的生态指标值。

7.4　厦门海岸带生态健康现状评价

7.4.1　操作指标的隶属度计算

e1 降水变化指标（中间型隶属函数）：取厦门多年降水量平均值 1 143.5 mm（1952—1980 年）为中间转折点 M，隶属度为 1.0；最多年降水量 1 771.8 mm（1973 年）为 D 点，隶属度取 0.6，最少年降水量 747.2 mm（1954 年）为 I 点，隶属度取 0.6。以 2004 年降水量为现状值 987.0 mm，利用公式（7-4）计算获得现状隶属度为 0.84。

e2 气温变化指标（中间型隶属函数）：取多年平均气温 20.9℃（1952—1980 年）为 M 点，隶属度为 1.0。以平均温度上下浮动 5℃分别设为 D 点和 I 点，赋予隶属度 0.8。以 2004 年年均气温为现状值 21.0℃，利用公式（7-4）计算获得现状隶属度为 0.99。

e3 台风、风暴潮变化指标（递减型隶属函数）：1955 年至 1980 年在厦门登陆的台风 6 次，影响台风 145 次，年均 5.6 次。年均 0 次为最安全，隶属度为 1.0；年均 5.6 次，隶属度为 0.6（参照海岸带生态安全压力分析），以 2004 年年均台风、风暴潮发生次数 4 次为现状值，利用公式（7-3）计算获得现状隶属度为 0.72。

e4 大气质量变化指标（递减型隶属函数）：根据厦门市环境保护局采用的环境空气质量评价方法，采用综合评价分级标准的基础上同时采用 API 指数作为评价标准。2004 年厦门市空气污染指数（API）为 58，根据分级标准采用分段函数式（7-5）计算现状隶属度 0.76。

e5 湿地面积变化指标（递减型隶属函数）：通过不同时期围垦占用的海岸带湿地面积作为湿地面积减少的数量；以围垦面积为 0 为最健康，隶属度为 1.0，自 1955 年至 2001 年厦门共进行了 47 处沿岸湿地围垦工程，总围垦面积达 90.13 km^2，隶属度设为（参照厦门海岸带生态安全压力分析结果）0.2。由于最大围垦面积出现在当前，因此现状隶属度为 0.20。

e7 土地流失（递减型隶属函数）：通过年均土地流失面积（侵蚀模数）的多少反映生态系统土壤环境数量的变化。以没有土壤流失出现为最健康，隶属度为 1.0；根据水利部 1986 年颁布的侵蚀强度分级标准（表 7-2）确立隶属度，根据九龙江流域的水土流失状况判断，厦门水土流失的侵蚀模数在 2 000 t/（km^2·a）左右，因此以分段点（1 000，0.8）（2 500，0.6）代入公式（7-5）计算，现状隶属度为 0.67。

表 7-2　水土侵蚀强度分级标准

级别	侵蚀模数 [t/（km^2·a）]	健康级别
无明显侵蚀	<200，500，1 000	健康 0.8~1.0
轻度侵蚀	200，500，1 000，2 500	较健康 0.6~0.8
中度侵蚀	2 500~5 000	一般 0.4~0.6
强度侵蚀	5 000~8 000	较不健康 0.2~0.4
极强度侵蚀	8 000~15 000	不健康 0~0.2
剧烈侵蚀	>15 000	

e8 土地利用指标（递减型隶属函数）：对不同土地利用类型的人类干扰程度赋予评价值（0~1.0），具体见第 8 章，利用综合土地利用指标 $I=\sum SD$ 表示人类活动强度，S 代表某土地利用类型的面积；D 代表该类土地利用类型的人类活动强度系数（表 7-3）。参照厦门经济特区年鉴（2004）土地利用现状的分类资料分别赋予不同土地类型人类活动强度系数。人类活动强度越高，生态系统的受影响越大，越不健康，以人类活动强度 1.0 的隶属度为 0，人类活动强度为 0 的隶属度为 1.0。2004 年综合人类活动强度为 0.36，代入公

式（7-3）获得现状隶属度为 0.64。

表 7-3　土地利用类型及其人类活动强度系数

土地利用类型	耕地	园地	林地	其他农用地	建设用地	未用地
人类活动强度系数	0.4	0.2	0.1	0.4	0.9	0
2004 年面积（km^2）	307.34	229.90	489.57	145.49	345.42	134.26

e9 淤积量变化指标（递减型隶属函数）：以航道各个时期必须清淤的数量表示底质淤积的情况（表 7-4），以没有淤积（即清淤量为 0）为最健康，隶属度为 1.0，以厦门各个年代划分，因此取最高清淤量 2000 年至今清淤量 1 311×10^4 m^3 为 D 点，赋予隶属度 0.4。代入公式（7-3），获得现状隶属度为 0.40。

表 7-4　20 世纪 80 年代以来厦门航道疏浚统计

年份	位置	疏浚前水深（m）	疏浚后水深（m）	疏浚量（×10^4 m^3）
1984	猴屿南航道浅段	7.0	8.5	15
1993	猴屿南航道浅段	7.0	8.5	19
1995	猴屿南航道浅段	7.0	8.5	16
1998	猴屿南航道浅段	7.0	8.5	26
1997—1998	东渡航道			128
1998—1999	10×10^4 t 航道			280
2000—2001	10×10^4 t 航道增深工程	10.5	11.5～12	133
2000—2001	厦鼓航道	<10	10.5	炸礁
2001	海沧 10# 泊位		7.5	35
2002—2003	猴屿西航道	8.5	10.5	63
2003—2004	10×10^4 t 航道 2 期			1080

资料来源：福建海洋研究所，厦门大学近海海洋环境科学国家重点实验室，2005。

e11 纳潮量变化指标（递减型隶属函数）：通过对比不同时期海水纳潮量获得，以减少量为 0 时为最健康，隶属度为 1.0；其余各时期按照与历史损失纳潮量最大值的百分比赋予隶属度，以西海域为典型，从 1956 年到 2000 年累积减少纳潮量约 1.2×10^8 m^3，减少了总纳潮量的约 33%，赋予隶属度 0.4。由于进入 21 世纪西海域纳潮量变化不明显，因此现状隶属度为 0.4。

e13 人均水资源变化指标（递增型隶属函数）：对比厦门人均淡水资源拥有量与全国标准（2 000 m^3）的比值，以人均水资源为 0 为最不健康，隶属度为 0；全国平均标准为较不健康，隶属度为 0.4。2004 年厦门水资源总量（包括地表水、地下水）为 10.39×10^8 m^3，人口 1 442 655 人,人均水资源量为 720 m³,现状隶属度为 0.12。

e16 溶解氧浓度(递增型隶属函数):参照国家标准(《海水水质标准》GB 3097—1997)的 5 级划分,采用分段函数式(7-5)计算隶属度(表 7-5)。2004 年厦门海域平均溶解氧浓度为 6.73 mg/L,由于国家标准中未定上限,以 10 mg/L 的隶属度为 1.0,因此现状隶属度为 0.82。

表 7-5　按照海水水质标准中对溶解氧隶属度的划分

国家标准	一类海水	二类海水	三类海水	四类海水	劣四类海水
监测值	>6 mg/L	5 mg/L	4 mg/L	3 mg/L	<3 mg/L
隶属度	0.8~1.0	0.6~0.8	0.4~0.6	0.2~0.4	0~0.2

e21 白鹭健康评价指标(递增型隶属函数):引用近海海洋环境科学国家重点实验室、厦门大学环境科学研究中心、国家海洋局第三海洋研究所(2005)《厦门国家级自然保护区海洋珍稀物种生态安全评价》报告中对白鹭生态安全评价的结果,认为白鹭处在较健康到健康状态,赋予现状隶属度为 0.80。

e22 浮游植物细胞数指标(中间型隶属函数):过低或过高的数量都不利于生态系统健康,根据浮游植物细胞数量变化造成的后果严重性,赋予隶属度。参照表 7-6 中评价结果,对应隶属度 0.1(很差)、0.3(差)、0.5(中)、0.7(良)、0.9(优),综合现状隶属度为 0.50。

表 7-6　2002—2003 年厦门海域浮游植物细胞数量评价

浮游生物	西海域内湾	西海域外口	河口区	南部海域	东部海域	同安湾口	同安湾内	马銮湾
浮游植物	差	中	中	良	中	良	良	很差

资料来源:近海海洋环境科学国家重点实验室,厦门大学环境科学研究中心,国家海洋局第三海洋研究所,2005。

e23 中华白海豚健康评价指标(递增型隶属函数):通过海水中种群数量的变化、种群结构、个体大小等作半定量的判断,参考近海海洋环境科学国家重点实验室、厦门大学环境科学研究中心、国家海洋局第三海洋研究所(2005)《厦门国家级自然保护区海洋珍稀物种自然保护区生态安全评价》中对于中华白海豚的评价结果,认为中华白海豚处在较不健康状态,赋予现状隶属度 0.40。

e24 鱼类数量变化指标(递减型隶属函数):通过对比厦门海域主要捕捞经济鱼种的数量变化进行定性评价,认为现状 2000 年鱼类数量的健康程度属于较不健康,赋予现状隶属度 0.40。

e25 鱼类个体变化指标(递增型隶属函数):通过对捕捞鱼种生长周期、发育个体大小的变化，按照 k 对策变化依据定性评价，赋予隶属度。根据卢振彬（2000）对厦门沿海主要鱼类种群变化的描述（表7-7）定性分析，认为目前厦门海域鱼类个体变化处在较不健康状态，赋予现状隶属度0.40。

表7-7　1992年与1973年厦门港鳓鱼生殖群体比较

年份	叉长（mm）		体重（g）			年龄组成			性成熟最小型（条）		个体绝对生殖力（千粒）		样本数
	范围	优势组	平均	范围	平均	范围	优势组	平均	雌	雄	范围	平均	
1973	225~580	320~420	378.5	105~2 200	588.7	2~8	3.4	3.72	285	222	23.5~156.0	64.7	1 353
1992	216~570	300~420	375.5	100~1 850	564.9	2~7	3	3.34	242	216	22.6~262.2	80.3	336

e27 潮间带生物个体变化指标（递增型隶属函数）：根据厦门同安湾潮间带的历史调查（表7-8），对比潮间带生物平均个体大小（生物量/栖息密度），按照 k 对策变化依据定性评价，以历史最大值视为最健康，隶属度为1.0，个体大小为0最低，隶属度为0；由于无法确定历史最大值，因此需对已有历史调查最大值0.58进行分析，赋予隶属度0.80。以2000年为现状值0.23，现状隶属度为0.32。

表7-8　同安湾潮间带生物历史变化

时间	平均生物量（g/m²）	栖息密度（个/m²）	平均个体重量（g/个）
1980.5—1981.5	118.26	203	0.58
1990—1992	72.59	325	0.22
1999	51.20	142	0.36
2000	114.27	491	0.23

e28 文昌鱼安全评价指标（递增型隶属函数）：通过种群数量的变化等作定性的判断，参考近海海洋环境科学国家重点实验室、厦门大学环境科学研究中心、国家海洋局第三海洋研究所（2005）《厦门国家级自然保护区海洋珍稀物种自然保护区生态安全评价》中对于文昌鱼的评价结果，认为文昌鱼处在较不健康到一般状态，赋予现状隶属度0.50。

e29 底栖动物量指标（递增型隶属函数）：根据厦门海域的历史调查，通过对潮下带生物单位面积年生物量的对比评价，以历史最高生物量视为最健康，隶属度为1.0，生物量为0最低，隶属度为0；由于无法确定历史最大值，因此需对已有历史调查最大值114.57 g/m² 进行分析，赋予隶属度0.8，因此获得现状2004年的指标值37.63 g/m²，现状隶属度为0.26。

e30 底栖动物个体变化指标（递增型隶属函数）：根据厦门海域的历史调查，对比潮下带生物平均个体大小（生物量/栖息密度），按照 K 对策变化依据定性评价，以历史最大值视为最健康，隶属度为 1.0，个体大小为 0 最低，隶属度为 0；由于无法确定历史最大值，因此需对已有历史调查最大值 0.694 4 进行分析，赋予隶属度 1.0，代入公式（7-2）获得现状隶属度 0.07。

e31 植被覆盖率指标（递增型隶属函数）：根据厦门行政区内植被覆盖率的变化，同国际国内先进标准 50%（厦门大学环境科学研究中心，2003）进行对比，赋予隶属度为 1.0；覆盖率为 0 时最不健康，隶属度为 0。以 2004 年林地和园地的面积 719.47 km²，占厦门陆地总面积（1 651.98 km²，含滩涂面积）的比例 43.6%，代入公式（7-2）获得现状隶属度为 0.87。

e32 红树林面积的变化指标（递增型隶属函数）：通过红树林面积与历史调查到的最多面积的比值进行评价，由于历史最多时期红树林的面积不知，以现有调查到的最大面积 320 hm² 为最健康状态，赋予隶属度 1.0；红树林面积最少时 32.6 hm²，赋予隶属度为 0.4。将 2004 年红树林面积 43.4 hm² 代入公式（7-2）获得现状隶属度为 0.43。

e33 叶绿素 a 含量指标（中间型隶属函数）：对应叶绿素 a 含量与海水富营养化之间的关系，根据日本对海区营养的划分，认为夏季贫营养、富营养和过营养海域叶绿素 a 含量分别是小于 1 mg/m³；1~10 mg/m³；10~200 mg/m³；由此划分隶属度等级，由于贫营养和富营养均不利于生态系统健康，因此以 2 mg/m³ 为 M 点最健康，隶属度为 1.0；1 mg/m³ 和 10 mg/m³ 均为较不健康，分别为 L 和 D 点，隶属度为 0.4。或者可以直接参照海水富营养化的程度赋予隶属度。2004 年厦门海域平均叶绿素 a 含量为 3.0 mg/m³，现状隶属度为 0.92。

e34 大肠杆菌含量指标（递减型隶属函数）：参照国家标准（《海水水质标准》GB 3097—1997）划分：小于 700~10 000 个/L，设 700 个/L 的隶属度为 0.8，10 000 个/L 的隶属度为 0.40。2004 年厦门海域大肠杆菌含量为 6 548 个/L，代入公式（7-3）获得现状隶属度为 0.55。

e36 海岸带景观破碎度（递增型隶属函数）：指景观被分割的破碎程度，反映景观斑块的面积异质性，斑块面积越小，景观异质性越高，景观多样性越高，越有利于生态系统健康。破碎度为 0 时，隶属度为 0；但是在生态系统受到外力影响情况下景观破碎度越大，生态系统受到胁迫压力越大，比如生态景观被过度分割成小片斑块，此时破碎度的增加可能预示部分斑块类型的消失。因此应综合考虑板块变化的因素赋予破碎度的健康隶属度。计算公式为：

$$C = (N_p - 1)/S \qquad (7-6)$$

式中：C 为景观破碎度指数；N_p 表示所有景观类型的斑块总数；S 代表所有类型斑块的总

面积。根据对 2004 年厦门岛卫片分析，将岛内斑块类型分为建成区、林地、耕地/草地、滩涂、水域 5 类，利用公式（7-6）获得 2004 年厦门岛景观破碎度为 0.826 2，考虑到此时人类主要活动区域的面积占全岛面积比例的 84.7%，已经对其他的自然生态景观造成严重干扰，赋予现状隶属度 0.40。

e37 海岸线的变化指标（递增型隶属函数）：景观聚集主要是人类影响作用造成，人类干扰的景观聚集程度越高，海岸线越平滑，因此海岸线的长度越短。以厦门岛同等面积下圆形岸线长度 41.24 km 为最不健康，隶属度为 0；以历史最长海岸线为最健康，由于无法获得历史上最长岸线长度，因此对已知的历史最长岸线 1995 年 74.40 km，赋予隶属度 0.8。2004 年厦门海岸带长度为 60.02 km，因此现状隶属度为 0.45。

e38 白鹭种群数量变化指标（递增型隶属函数）：参考近海海洋环境科学国家重点实验室、厦门大学环境科学研究中心、国家海洋局第三海洋研究所（2005）《厦门国家级自然保护区海洋珍稀物种自然保护区生态安全评价》中对于白鹭数量变化的调查结果，赋予现状隶属度 0.80。

e39 营养层级评价指标（递增型隶属函数）：分析厦门海域最高等级野生生物的营养级别，结合其生存的健康程度赋予隶属度。无论陆地或水域，食物链都不可能无限加长，营养级通常为 3~5 级。但是，海洋生态系统的食物链可达到 4~5 级，而陆生食物链通常仅 2~3 级。这是因为海洋的初级生产者和食植性动物多为小型种类，所以大型动物多是肉食性种类，比陆地的大型动物处于更高的营养级。结合厦门中华白海豚和白鹭的生态安全状况，基本上处在 2.5~3 级，赋予现状隶属度 0.60。

e40 陆地生物入侵指标（递减型隶属函数）：根据结合专家访谈，目前厦门陆地的生物入侵状况并不严重，主要是猫爪藤等植物入侵，并没有造成显著的危害，半定量地赋予现状隶属度 0.70。

e41 赤潮发生频次（递减型隶属函数）：由于浮游植物种群的变化的一个显著影响是赤潮的发生，因此可利用赤潮产生频率的变化来代替，通过对比各时期发生的赤潮次数，结合文献参考和专家意见，以没有赤潮发生为最健康，隶属度为 1.0，赤潮发生最频繁年份为 7 次，赋予隶属度 0.20；2004 年现状隶属度 0.66。

e42 鸟类生物多样性指标（递增型隶属函数）：厦门市环境保护科研所、厦门大学生命科学学院（2002）《厦门滨海湿地鸟类多样性研究》报告的调查分析结果（表 7-9），结合专家意见和历史变化，赋予现状隶属度 0.60。

表 7-9　1999—2000 年厦门滨海鸟类多样性

地点	筼筜湖	香山	刘山	钟宅	浦口	石湖山	澳头	西堤	杏林湾	东屿	海沧
多样性指数	3.10	3.06	2.36	1.26	2.05	1.88	0.94	0.59	0.65	2.49	2.39

e43 潮间带生物多样性指标（递增型隶属函数）：由于缺乏现状资料，本书通过不同海域调查资料与1990年至1992年调查获得的潮间带生物种类数量及组成进行对比，综合判断潮间带生物多样性指数的变化，赋予现状隶属度0.40。

e44 浮游生物多样性指标（递增型隶属函数）：根据厦门市环境保护局（2002）《2002年厦门市环境质量分析报告》马銮湾浮游植物多样性指数（H'）平均为1.80，西海域浮游植物多样性指数（H'）则高达3.23。结合专家意见和历史变化，赋予现状隶属度0.50。

e45 底栖动物多样性指标（递增型隶属函数）：根据厦门市环境保护科研所，厦门大学海洋与环境学院（2005）《厦门海域大型底栖动物资源调查报告》计算结果，厦门湾海域的底栖动物多样性指数为2.79，西海域1988年调查计算生物多样性指数为2.67～3.25，而在2004年的调查结果为2.35，明显下降；同安湾1993年调查计算结果为3.37，1999年调查结果为2.84，2004年调查结果为3.48，其间有较大变化。综合考虑海域底栖动物多样性指数的变化，赋予现状隶属度0.40。

e46 中华白海豚年龄结构（递增型隶属函数）：参考近海海洋环境科学国家重点实验室、厦门大学环境科学研究中心、国家海洋局第三海洋研究所（2005）《厦门国家级自然保护区海洋珍稀物种自然保护区生态安全评价》中对于中华白海豚数量变化的调查结果：2003年至2004年在所有发现的个体中，无斑幼体5头，占总数的4.06%；有斑幼体7头，占总数的5.69%；有斑年轻个体18头，占总数的14.63%；有斑成体54头，占总数的43.90%；无斑成体36头，占总数的29.27%。成体、幼体的头数都较为合理，赋予现状隶属度0.80。

e47 白鹭孵化率（递增型隶属函数）：参考近海海洋环境科学国家重点实验室、厦门大学环境科学研究中心、国家海洋局第三海洋研究所（2005）《厦门国家级自然保护区海洋珍稀物种自然保护区生态安全评价》中对于白鹭数量变化的调查结果：1999年至2001年的繁殖力平均为1.35，总体高于1996年和1997年，但是变化不大，以2001年为现状值，赋予现状隶属度0.80。

e48 物质循环评价指标（递增型隶属函数）：难以直接测量，陆上、潮间带和海域的物质循环可以通过浮游植物的初级生产力、红树林面积变化和植被覆盖率3个指标的隶属度平均值代替，其中浮游植物的初级生产力由于海域同化指数视为不变，可利用叶绿素a含量表示。现状隶属度为0.70。

e49 外来物种入侵（递减型隶属函数）：综合考虑厦门海域、海岸的外来物种入侵状况，通过多外来物种入侵后果严重性的判断，定性赋予评价值。参考集美大学水产学院（2005）《厦门生态城市海洋生态指标研究》中的评价结果，赋予现状隶属度0.50。

e50 红树林、滩涂湿地变化指标（递增型隶属函数）：利用红树林面积变化指标和湿地面积变化指标的隶属度的加权平均值代替。权重按照不同类型对功能的贡献比率确定：

红树林 0.2，湿地 0.8，现状隶属度为 0.25。

e51 草地耕地变化指标（递增型隶属函数）：对比各时期草地耕地面积的变化，参考耕地面积与绿地面积之和。由于是功能指标，面积越多功能越好，因此以历史最多面积（建成区面积+耕地面积）418.5 km² 为健康，隶属度为 1.0，以消失殆尽为最不健康，隶属度为 0。2004 年耕地面积 307.34 km²，绿地面积 24 km²，现状隶属度为 0.73。

e52 草地耕地和湿地变化指标（递增型隶属函数）：利用草地/耕地变化指标和湿地变化指标隶属度的加权平均值计算。权重按照不同类型对功能的贡献比率确定草地/耕地 0.55 和湿地 0.45，现状隶属度为 0.49。

e53 植被覆盖率和红树林变化指标（递增型隶属函数）：利用植被覆盖率指标和红树林面积变化指标隶属度的加权平均值代表。权重按照不同类型对功能的贡献比率确定植被覆盖率 0.66 和红树林 0.34，现状隶属度为 0.72。

e54 植被覆盖率、红树林和湿地面积变化指标（递增型隶属函数）：利用植被覆盖率指标、红树林和湿地面积变化指标隶属度的加权平均值代表。权重按照不同类型对功能的贡献比率确定植被覆盖率 0.09、红树林 0.52 和湿地 0.39，现状隶属度为 0.38。

厦门海岸带生态健康现状评价操作指标评估结果如表 7-10。

表 7-10　厦门海岸带生态健康现状评价操作指标隶属度评价结果

指标	隶属函数	模拟点（评价值，隶属度）	现状隶属度	指标	隶属函数	模拟点（评价值，隶属度）	现状隶属度
e1	M	M (114.5, 1.0)，D (1 771.8, 0.6)，I (747.2, 0.6)	0.84	e33	M	M (2, 1.0)，D (1, 0.4)，I (10, 0.4)	0.92
e2	M	M (20.9, 1.0)，D (15.9, 0.6)，I (25.9, 0.6)	0.99	e34	D	(700, 0.8)，(10 000, 0.4)	0.55
e3	D	(0, 1.0)，(5.6, 0.6)	0.72	e36	I/D 定性	无	0.40
e4	D 分段	国家环保部标准	0.76	e37	I	(41.24, 1.0)，(74.40, 0.8)	0.45
e5	D	(0, 1.0)，(90.13, 0.2)	0.2	e38	I 定性	无	0.80
e7	D 分段	国家水利部标准 (1 000, 0.8)，(2 500, 0.6)	0.67	e39	I 定性	无	0.60
e8	D 综合	无	0.64	e40	D 定性	无	0.70

续表

指标	隶属函数	模拟点 （评价值，隶属度）	现状 隶属度	指标	隶属函数	模拟点 （评价值，隶属度）	现状 隶属度
e9	D	(0, 1.0), (1 311, 0.4)	0.40	e41	D	(0, 1.0), (7, 0.2)	0.66
e11	D	(0, 1.0), (1.2, 0.4)	0.40	e42	I 定性	无	0.60
e13	I	(0, 0), (2 000, 0.4)	0.12	e43	I 定性	无	0.40
e16	I 分段	国家环保部标准	0.82	e44	I 定性	无	0.50
e21	I 定性	无	0.8	e45	I 定性	无	0.40
e22	M 综合	无	0.50	e46	I 定性	无	0.80
e23	I 定性	无	0.40	e47	I 定性	无	0.80
e24	D 定性	无	0.40	e48	I 综合	无	0.70
e25	I 定性	无	0.40	e49	D 定性	无	0.50
e27	I	(0, 0), (0.582 6, 0.8)	0.32	e50	I 综合	无	0.25
e28	I 定性	无	0.50	e51	I	(418.5, 1.0), (0, 0)	0.73
e29	I	(0, 0), (114.57, 0.8)	0.26	e52	I 综合	无	0.49
e30	I	(0, 0), (0.694 4, 1.08)	0.07	e53	I 综合	无	0.72
e31	I	(0, 0), (50, 1.0)	0.87	e54	I 综合	无	0.38
e32	I	(32.6, 0.4), (320, 1.0)	0.43				

7.4.2 操作指标脆弱性分析

脆弱性通常是指生态系统对外来压力或者风险的抵御能力，也可以理解为对生态系统维持自身健康的内在能力。因为海岸带生态系统的生态健康状态是通过所用操作指标来综合体现的，因此各个现状操作指标所体现的生态系统的成分、结构或功能因素的健康隶属度，在很大程度上反映了现状生态系统组成的脆弱性大小。本书根据各个操作指标生态健康隶属度大小（见图 7-3），提出脆弱性操作指标，对操作指标进一步进行分析。根据指标隶属度与生态健康描述之间的对应关系，将海岸带生态健康操作指标体系划分为 3 个等级：非脆弱性指标（1≥指标隶属度≥0.4）；脆弱性指标（0.4≥权重值>0.2）；极端脆弱性指标（0.2≥权重值>0）。

（1）非脆弱性指标（28 个）：e1、e2、e3、e4、e7、e8、e16、e21、e22、e28、e31、e32、e33、e34、e37、e38、e39、e40、e41、e42、e44、e46、e47、e48、e49、e51、e52、e53。

（2）脆弱性指标（12 个）：e9、e11、e23、e24、e25、e27、e29、e36、e43、e45、e50、e54。

（3）极端脆弱性指标（3 个）：e5、e13、e30。

由此可见，湿地面积的变化、人均水资源变化、底栖动物个体的变化是厦门海岸带生态系统中最脆弱的因素。其中以底栖动物的个体变化脆弱性最高。其他如底栖动物量指标、红树林和滩涂湿地面积等也是厦门海岸带较脆弱的指标。

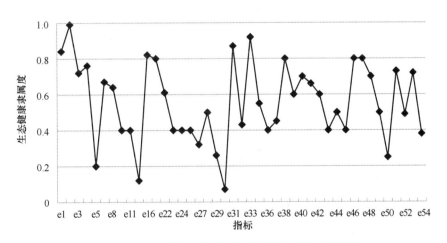

图 7-3　厦门海岸带生态健康现状评价操作指标隶属度分布

7.4.3　厦门海岸带生态健康现状综合评价结果

通过对选择的操作指标隶属度及其标准化权重进行综合计算，可以获得厦门海岸带生态健康现状的综合指数的隶属度，用来代表海岸带的健康状态。将综合计算结果与指标所代表权重标准化结果（表 7-11）代入公式（7-1），获得厦门海岸带生态健康现状综合隶属度为 0.610 4，属于较健康水平，但是也刚刚达到较健康状态。

表 7-11 厦门海岸带生态健康现状评价操作指标归一化隶属度

生态健康指标	隶属度	权重	归一化隶属度	生态健康指标	隶属度	权重	归一化隶属度
e1	0.84	0.043 1	0.036 2	e34	0.55	0.018 6	0.010 2
e2	0.99	0.014 5	0.014 4	e36	0.40	0.020 0	0.008 0
e3	0.72	0.013 3	0.009 6	e37	0.45	0.006 7	0.003 0
e4	0.76	0.013 3	0.010 1	e38	0.80	0.042 2	0.033 8
e5	0.20	0.027 4	0.005 5	e39	0.60	0.037 9	0.022 7
e7	0.67	0.011 8	0.007 9	e40	0.70	0.005 3	0.003 7
e8	0.64	0.030 0	0.019 2	e41	0.66	0.005 3	0.003 5
e9	0.40	0.010 5	0.004 2	e42	0.60	0.008 0	0.004 8
e11	0.40	0.008 9	0.003 6	e43	0.40	0.008 0	0.003 2
e13	0.12	0.013 3	0.001 6	e44	0.50	0.008 0	0.004 0
e16	0.82	0.002 7	0.002 2	e45	0.40	0.008 0	0.003 2
e21	0.80	0.011 5	0.009 2	e46	0.80	0.022 2	0.017 8
e22	0.61	0.041 0	0.025 1	e47	0.80	0.022 2	0.017 8
e23	0.40	0.005 7	0.002 3	e48	0.70	0.028 6	0.020 0
e24	0.40	0.030 9	0.012 4	e49	0.50	0.023 0	0.011 5
e25	0.40	0.008 2	0.003 3	e50	0.25	0.040 0	0.010 0
e27	0.32	0.011 1	0.003 6	e51	0.73	0.001	0.000 7
e28	0.50	0.005 7	0.002 9	e52	0.49	0.002 2	0.001 1
e29	0.26	0.022 9	0.006 0	e53	0.72	0.013 7	0.009 9
e30	0.07	0.021 6	0.001 5	e54	0.38	0.040 8	0.015 5
e31	0.87	0.119 8	0.104 2	综合		0.946 3	0.577 6
e32	0.43	0.039 8	0.017 1	标准化			0.610 4
e33	0.92	0.077 6	0.071 4				

　　针对造成厦门海岸带生态健康现状的因素进一步分析，以所用生态健康操作指标对厦门海岸带综合健康状态的贡献进行对比，见图 7-4。根据前文重要健康指标和脆弱性健康指标分类，本书提出了厦门海岸带生态健康关键指标，即代表对厦门海岸带生态系统健康状态有重要影响而同时脆弱性较高的生态因素。具体分类方法是以重要性指标分类为基础，逐个分析其脆弱性。将极端脆弱的重要指标视为紧迫关键指标；将脆弱的重要指标或极端脆弱的次重要指标视为关键指标；将极端脆弱的非重要性指标和脆弱的次重要性指标视为次关键指标；其他指标视为非关键指标。关键指标的划分可为厦门海岸带系统管理从

健康诊断的角度提供科学依据。

（1）紧迫关键指标：无。

（2）关键指标：e5、e30、e50、e54。

（3）次关键指标：e13、e24、e29、e36。

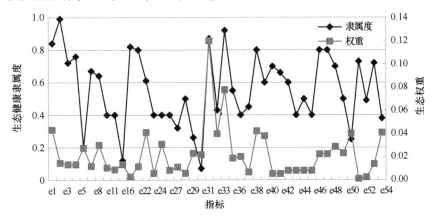

图 7-4 厦门海岸带生态健康现状评价操作指标重要性和脆弱性分布

目前，厦门海岸带生态系统健康还没有出现紧迫关键的问题，影响生态系统健康的关键因素是湿地面积的变化、底栖动物个体变化、红树林面积和湿地滩涂面积变化。比较关键的因素是淡水资源量、海洋鱼类种类数量的变化、底栖动物量的变化、海岸线的破碎程度。在管理上，针对关键因素建议采取专门措施在短期内改善其健康脆弱性状况，并进行专门的长期维护。对于较关键因素也需要足够的重视，采取措施在一定时间内改善其健康脆弱性状况，并注意维护其长期的健康。针对其他非关键因素，在工作中应注意展开长期的监测，以防止部分因素转变为较关键甚至关键因素。

7.5 厦门海岸带生态健康回顾评价

7.5.1 回顾性评价操作指标隶属度计算

e1 酸雨发生频率：通过计算各个年代的平均值获得。20 世纪 80 年代的生态健康隶属度为 0.366；90 年代的生态健康隶属度为 0.243；21 世纪初的生态健康隶属度为 0.117；由于酸雨是工业发展的产物，因此通过判断认为 80 年代之前的生态健康隶属度高于或等于 1986 年，隶属度为 0.551。

e8 土地利用评价：由于土地利用状况与城市化发展直接相关，而干扰主要来自人类活动频繁的建成区，因此可利用建成区占厦门岛面积的比例表示。根据卫片分析，1987年、1995年和2004年该比例分别为21.5%、41.1%、60.6%，在建成区面积增大的同时伴随着对原有林地、耕地/草地和滩涂湿地面积的侵蚀和破坏，因此建成区面积比例与评价隶属度是递减函数关系，以2004年的现状值（0.64）为准，设1987年健康程度为好，隶属度为0.8，则1995年的隶属度为0.72，80年代之前的生态健康隶属度应高于80年代，隶属度为0.9。

e22 赤潮发生率：通过计算各个年代的平均值获得。80年代的生态健康隶属度为0.715；90年代的生态健康隶属度为0.773；21世纪初的生态健康隶属度为0.612；由于赤潮发生与近岸海水富营养化直接相关，海水的富营养化主要原因是人类社会排放的含丰富营养物质的污染物造成，因此通过判断认为80年代之前的生态健康隶属度高于或等于1986年，隶属度为0.80。

e24 鱼种数量变化：参照厦门海域主要捕捞经济鱼种数量的历史变化，结合专家意见对比赋予隶属度。通过计算各个年代的平均值获得。80年代之前的生态健康隶属度为50年代、60年代和70年代的隶属度平均值，隶属度为0.70。80年代的生态健康隶属度为0.50；90年代的生态健康隶属度为0.40；21世纪初的生态健康隶属度为0.40。

e30 底栖动物个体变化：通过计算各个年代中典型年份的平均值获得。80年代的生态健康隶属度为1980年和1990年两年隶属度的平均值0.507；90年代的生态健康隶属度为1990年和2000年两年隶属度的平均值0.637；21世纪初的生态健康隶属度为2000年和2004年两年隶属度的平均值0.174；底栖动物的个体大小与整个海域底质生态的健康状况直接相关，考虑到1960年的底栖动物优势种是大型的棘皮动物，而1990年优势种是体形较小的多毛类动物，因此认为80年代之前隶属度为1.0。

e31 植被覆盖率：通过计算各个年代的平均值获得。90年代的生态健康隶属度为1.0；21世纪初的生态健康隶属度为0.938；由于植被覆盖率与城市化发展直接相关，因此认为80年代之前和80年代的生态健康隶属度为高于或等于1997年，隶属度为1.0。

e33 叶绿素a含量：通过计算各个年代的平均值获得。80年代的生态健康隶属度为0.934；90年代的生态健康隶属度为0.675；21世纪初的生态健康隶属度为0.933；由于叶绿素a含量与浮游生物数量直接相关，通过判断80年代之前的生态健康隶属度应不小于80年代，隶属度为1.0。

e36 海岸线破碎度：分别采用1987年、1995年和2003年的卫片进行景观分析。1987年、1995年的景观破碎度分别为0.3453、0.6978，2004年的健康隶属度为0.4，结合人类活动区在整个厦门岛面积比例的变化，分别赋予80年代和90年代年景观破碎度的健康隶属度为0.8和0.6，80年代之前的隶属度设为1.0。

e38 白鹭种群变化：通过计算各个年代的平均值获得。90年代的生态健康隶属度为

0.510；21 世纪初的生态健康隶属度为 0.747；由于白鹭种群数量与生存的栖息地数量直接相关，80 年代之前城市化建设较少，生态健康隶属度应为 1.0，80 年代的城市化建设较多，通过筼筜湖白鹭种群的消失判断，生态健康隶属度应不大于 1996 年，隶属度为 0.55。由于 2004 年现状隶属度为 0.8，而 1999 年最小种群数量时仍能恢复，处在较不安全和一般状况之间，因此赋予 1999 年健康隶属度为 0.4。

e50 红树林和滩涂湿地面积变化：该指标的隶属度为 e5 和 e32 的加权平均值，e5 和 e32 的权重分别为 0.8 和 0.2，应首先确定 e5 和 e32 各个年代的隶属度。指标 e5 的隶属度通过各个年代的平均值计算获得：80 年代之前的生态健康隶属度为 50 年代初、60 年代初和 70 年代初的隶属度平均值，隶属度为 0.465。80 年代的生态健康隶属度为 0.228；90 年代的生态健康隶属度为 0.205；21 世纪初的生态健康隶属度为 0.175。指标 e32 的隶属度通过使用典型年份数据代表各个年代获得。80 年代之前的生态健康隶属度为 1.0；80 年代的生态健康隶属度为 1979 年的隶属度 0.55；1990 年的隶属度为 2000 年的隶属度代替 0.40；21 世纪初的生态健康隶属度为 2000 年和 2004 年两年隶属度的平均值 0.41。由此可知指标 e50 各个年代的生态健康隶属度为：80 年代之前为 0.572，80 年代为 0.292，90 年代为 0.244，21 世纪初为 0.224。

e54 植被覆盖率、红树林面积和湿地面积变化：该指标的隶属度为 e31、e5 和 e32 的加权平均值，e31、e5 和 e32 的权重分别为 0.09、0.39 和 0.52，通过已知的 e31、e5 和 e32 隶属度计算获得 e54 各个年代的生态健康隶属度为：80 年代之前为 0.791，80 年代为 0.465，90 年代为 0378，21 世纪初为 0.371。

厦门海岸带生态健康回顾性评价操作指标隶属度的历史变化见图 7-5。

7.5.2　厦门海岸带生态健康历史变化综合分析

通过对回顾性操作指标隶属度及其标准化权重进行综合计算，可以获得 20 世纪 80 年代以前、80 年代、90 年代以及 21 世纪初 4 个历史时期的厦门海岸带生态健康综合指数，代表海岸带的健康状态在过去 20 多年来的变化，计算结果见表 7-12。

总体来看厦门海岸带生态健康状态是一种持续下降的轨迹（见图 7-6），从 20 世纪 80 年代之前的健康状态（综合健康隶属度为 0.839 9）到 20 世纪 80 年代的较健康状态（综合健康隶属度为 0.617 6，刚达到较健康状态），再到 20 世纪 90 年代的一般状态（综合健康隶属度为 0.558 9，一般状态的中上水平），至今 21 世纪初厦门海岸带健康仅为一般状态中的中下水平（综合健康隶属度为 0.472 0）。但是从下降的速度来看，20 世纪 80 年代前到 20 世纪 80 年代，厦门海岸带健康状态恶化的趋势最快；20 世纪 80 年代到 20 世纪 90 年代，恶化的趋势变缓，趋向平稳；但是从 20 世纪 90 年代到 21 世纪初，恶化的趋势又开始增加。

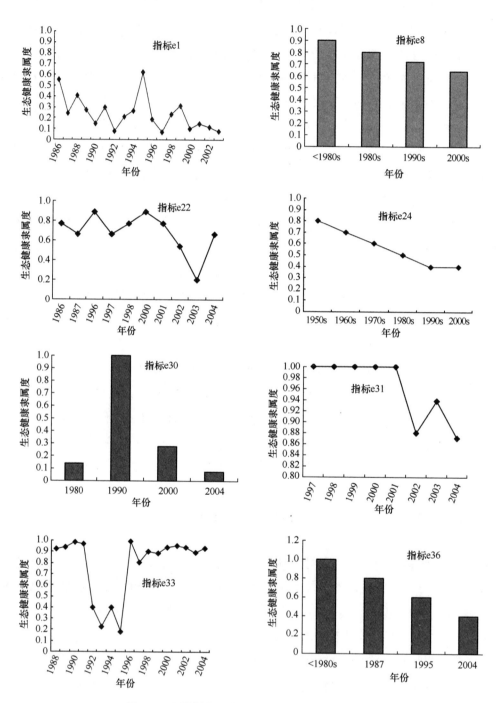

图7-5　回顾性评价操作指标隶属度的历史变化

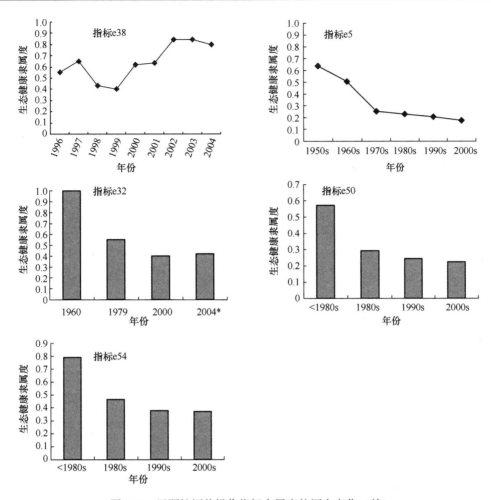

图 7-5　回顾性评价操作指标隶属度的历史变化（续）

表 7-12　厦门海岸带生态健康回顾性评价综合分析结果

指标	标准化权重	80 年代之前	80 年代	90 年代	21 世纪初
e1	0.085 1	0.551 0	0.366 0	0.243 0	0.117 0
e8	0.059 2	0.900 0	0.800 0	0.720 0	0.640 0
e22	0.080 9	0.800 0	0.715 0	0.773 0	0.612 0
e24	0.236 3	0.700 0	0.500 0	0.400 0	0.400 0
e30	0.152 3	1.000 0	0.507 0	0.637 0	0.174 0
e31	0.083 2	1.000 0	1.000 0	1.000 0	0.938 0
e33	0.078 9	1.000 0	0.934 0	0.675 0	0.933 0
e36	0.080 5	1.000 0	0.800 0	0.600 0	0.400 0
e38	0.060 9	1.000 0	0.550 0	0.510 0	0.747 0
e50	0.042 6	0.572 0	0.292 0	0.244 0	0.224 0
e54	0.039 5	0.791 0	0.465 0	0.378 0	0.371 0
综合		0.839 9	0.617 6	0.558 9	0.472 0

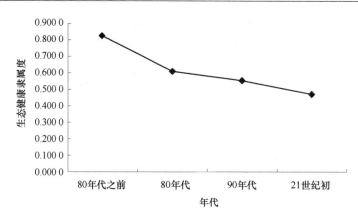

图 7-6　厦门海岸带生态健康状态的历史变化

7.5.3　回顾性指标的稳定性分析

稳定性通常是指在一定时间内，生态系统成分、结构和功能在外来压力下保持本身正常或健康状态的能力，是生态系统维持自身健康的内在功能之一。因为海岸带生态系统的生态健康状态是通过所有操作指标来综合体现的，回顾性操作指标的变化在很大程度上决定了生态系统稳定性的变化。本书提出的稳定性指标是根据各个操作指标生态健康隶属度的历史变化大小及变化轨迹，对操作指标进一步进行分类分析。根据指标隶属度在相同时间变化的幅度，将海岸带生态健康回顾性评价的操作指标划分为两种：不稳定性指标（指标隶属度变化>0.2）和稳定性指标（指标隶属度变化≤0.2）。其中，不稳定性指标按照历史变化轨迹又可以具体分为3种：持续改善指标、持续恶化指标和波动指标。波动指标又可以分为波动恶化指标和波动改善指标。

（1）稳定性指标（0个）。

（2）不稳定性指标（11个）：e1、e8、e22、e24、e30、e31、e33、e36、e38、e50、e54。

（3）持续改善指标（0个）。

（4）持续恶化指标（5个）：e8、e24、e36、e50、e54。

（5）波动指标（6个）：e1、e22、e30、e31、e33、e38。其中波动改善指标为e33、e38，波动恶化指标为e1、e22、e30、e31。

由此可见：厦门海岸带生态健康变化中没有稳定的因素。厦门海岸带的生态健康状态在过去20多年内发生显著的变化，总的来看这种变化是一种恶化的趋势，其中以土地利用变化、鱼种数量、海岸线的破碎程度、红树林和湿地面积以及植被覆盖率的恶化趋势最为明显，显示出持续的恶化。从稳定性分析上来说，波动指标的数量最多，占所用指标的一半以上；其中大多为波动恶化指标，只有海水叶绿素 a 含量和白鹭种群数量出现了改善。

7.5.4　讨论

7.5.4.1　回顾性评价中指标数据的处理

收集的资料进行回顾性评价需要进行统一评价后，才能进行有效对比；但是不同的操作指标的历史数据存在以下两种差异：

（1）数据时间序列的长短不一致，例如 e5 湿地变化的历史数据超过 50 年，而植被覆盖率的仅 8 年。

（2）数据数目的差别较大，例如红树林的数据虽然时间跨度长，但仅有 4 个，而叶绿素 a 含量的短时期数据则长达 17 个。

为解决这两个差异，使所有的指标能够有效对比，本书采用分年代进行综合回顾评价的方法，即分为 20 世纪 80 年代之前、80 年代、90 年代、21 世纪初；对于数据较多的采用年代数据平均，对于数据较少的则选择典型年份代表。对于时间跨度不一致的问题，由于通常缺乏的是较久远的历史数据，本书认为厦门岛的开发主要是在 1980 年之后，其生态健康状态的变化也是从那时开始明显，如没有相关资料证明，认为该时期的健康隶属度一般不低于 20 世纪 80 年代。

7.5.4.2　现状评价结果与回顾性评价中现状结果的差异分析

2004 年现状评价获得的生态健康隶属度为 0.610 4，而在回顾评价中 21 世纪初的生态健康隶属度为 0.472 0。两种计算结果之间的差异主要由于选取指标的数量不同以及指标使用数据的不同造成，现状评价使用操作指标为 43 个，使用的数据以 2004 年为主；回顾性评价使用操作指标 11 个，21 世纪初使用的数据主要是 2000 年至 2004 年的平均数。此外，在回顾性评价中使用的两个替代指标也对 21 世纪初的评价结果产生一定影响，如果采用回顾评价中的两个替代指标，计算获得的现状隶属度为 0.577 4。而还有一个可能的因素是回顾性指标选取过程中注重对重要指标和累积性指标的选择，因此在评价结果上比采用现状指标评价获得的结果更加趋向对生态健康的症状诊断，导致隶属度的计算结果比采用现状指标评价的结果要低。

第8章 典型状态分析——白鹭生态安全评价

白鹭（*Egretta*），隶属鸟纲、鹳形目、鹭科。我国共有白鹭属鸟类7种：大白鹭、中白鹭、小白鹭、岩鹭、黄嘴白鹭、鹊鹭和白脸鹭（郑作新等，1997；陈小麟，宋晓军，1999）。厦门岛被称为"鹭岛"，现有除鹊鹭之外的其他6个种类。白鹭广泛活动在厦门沿海湿地，大屿岛和鸡屿岛是白鹭目前的主要繁殖栖息地（近年来集美大学内也有少量白鹭栖息、繁殖，由于缺乏观测资料，本书不予考虑），其周边海湾的近岸湿地则为白鹭提供了必要的觅食生境。白鹭在厦门的活动范围几乎覆盖了整个海岸带区域，尤其是海岸带湿地，对海岸带生态系统的变化具有典型的代表意义。海岸带生态系统的变化直接影响到白鹭的生态安全。白鹭的生态安全是指白鹭所处的生态系统能够维持白鹭种群持续生存的需求和条件。白鹭的生态安全从根本上取决于白鹭生境的安全，包括生境适宜性和人为对生境的干扰程度两个方面；因此白鹭的生态安全可以解释为受到人类干扰后所能保持的白鹭生境的生态适宜性，从而能够代表厦门海岸带的生态安全状态变化。

8.1 研究范围

本书选择白鹭在厦门的两个主要繁殖栖息地和10个代表性的觅食点作为研究区域。繁殖栖息地包括大屿岛和鸡屿岛的陆域和滩涂。在白鹭的觅食生境选择上，根据以往观测和实地调查经验，选择白鹭经常聚集觅食的10个代表性地点——筼筜湖、香山、刘山、钟宅、石湖山、澳头、杏林湾、东屿、海沧、高浦作为觅食生境研究区。选择的觅食生境基本覆盖了白鹭在厦门沿海湿地进行觅食的主要湿地类型，包括沿海滩涂、河口、红树林区、水库、半咸水湖等，见图8-1。

8.2 白鹭生态安全评价方法

白鹭的生态安全主要是对白鹭繁殖地和觅食地的生境安全评价，其中将白鹭繁殖、栖息行为的安全因素纳入繁殖地生境安全的分析中，觅食行为安全因素则纳入白鹭觅食地生境安全的分析中。白鹭生境安全评价包括对白鹭生境的生态适宜性分析和人为干扰程度分析。前者考虑维持白鹭可持续生存的生境条件及其适宜程度；后者考虑对白鹭生态适宜性造成干扰、破坏的因素及其影响强度。通过赋予评价指标或因素评价值，见表8-1，进行

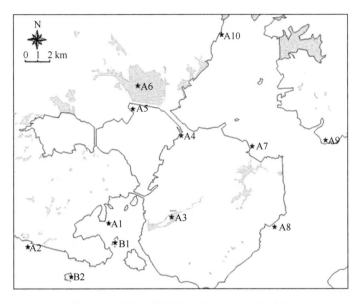

图 8-1　厦门白鹭繁殖栖息地和觅食地分布

A1：东屿；A2：海沧；A3：筼筜湖；A4：石湖山；A5：高浦；A6：杏林湾；

A7：钟宅；A8：香山；A9：澳头；A10：刘山．B1：大屿岛；B2：鸡屿岛

计算，获得定量化的评价结果，然后结合生境适宜性评价和人为干扰评价，进行白鹭生态安全综合评价。

表 8-1　白鹭生态安全评价等级和赋值范围

评价对象	1~0.8	0.8~0.6	0.6~0.4	0.4~0.2	0.2~0
生态适宜程度	适宜	较适宜	一般	较不适宜	不适宜
人为干扰程度	很强烈	强烈	比较强烈	不强烈	轻微
生态安全程度	安全	较安全	一般	较不安全	不安全

8.2.1　生境生态适宜性指标及其评价方法

物种生境的生态适宜性因素主要包括物理环境因素（Physical Environmental Factors）和生物环境因素（Biological Environmental Factors）两种（Ouyang et al，2001）。前者包括气候、地形、地质和海拔等；后者包括植被覆盖、适宜建巢植被、食物获取、栖息生境稳定性、天敌和物种竞争等。在厦门市生态系统尺度内，影响白鹭生境的物理环境因素相当长时间内保持稳定，因此生物环境的变动是影响白鹭生境生态适宜性的主要因素。生物环境因素的选择主要通过调查、分析白鹭在厦门的生态习性，结合相关文献资料，选取植被覆盖率、适宜建巢植被、觅食地距离和生态稳定性 4 项作为繁殖栖息生境生态适宜评价指

标；觅食地水质、滩涂类型、距繁殖栖息地距离和周边水产养殖密度4项作为白鹭觅食地生境生态适宜评价指标。通过观测白鹭对繁殖和觅食生境的选择偏好，即白鹭在不同繁殖和觅食生境的分布状况，建立评价准则，如表8-2。

表8-2　厦门白鹭生境生态适宜性因素评价准则

	因素	适宜	较适宜	一般	较不适宜	不适宜
繁殖生境	植被覆盖率	>90%	70%~90%	50%~70%	30%~50%	<30%
	适宜建巢植被	红树林、相思树、马尾松、木麻黄等纯林和混交林	相思树、马尾松或木麻黄与其他树种混交林	能够提供建巢树冠的其他乔木树种纯林或混交林	不适宜建巢的非乔木树种丛林或沼泽地	不能提供建巢树冠的草地或低矮草本植物
	生态稳定性	系统稳定，没有生态入侵现象	系统稳定，有极少生态入侵现象	系统较稳定，有部分生态入侵现象	系统较不稳定，生态入侵现象严重	系统不稳定，生态入侵很严重
	觅食地分布	0~10 km	10~20 km	20~30 km	30~50 km	>50 km
觅食生境	滩涂水质	I	II	III	IV	V
	滩涂类型	淡、半咸水湖、泥质海滩涂	泥沙质海滩涂、水库边缘	沙质海滩涂、沙滩、岩滩	人工观赏景观水域、滩涂	人工开发的海岸带区域
	水产养殖密度	0%~10%	10%~30%	30%~50%	50%~80%	>80%
	距繁殖地距离	0~10 km	10~20 km	20~30 km	30~50 km	>50 km

注：植被覆盖率划分标准：白鹭在厦门主要筑巢区植被覆盖率通常>90%，在<30%覆盖率的地方很少见到白鹭筑巢，以两者为上下限确定评价准则；适宜建巢植被划分标准：白鹭在厦门的建巢地通常是红树林、相思树、马尾松、木麻黄等树种的纯林或混交林，以此为上限，以不能提供建巢树冠的草地或低矮草本植物为下限确定评价标准；生态稳定性划分标准：综合考虑白鹭繁殖地所处生态系统受外部因素包括台风、风暴潮、海水侵蚀等自然干扰因素，以及疾病传播、外来物种入侵等因素；滩涂水质按照国家地表和海洋水质质量标准划分；周边觅食地分布标准划分：白鹭在厦门觅食多见于距离繁殖地<10 km范围内，在>50 km的范围很难看到白鹭成群觅食，以两者为上下限确定评价准则；滩涂类型划分标准：以厦门最常见到白鹭觅食的淡、半咸水湖、泥质海滩涂为上限，以白鹭无法觅食的人工开发海岸带区域为下限，确立评价标准；养殖密度 = 实际养殖面积/适宜养殖面积，白鹭在养殖密度<10%的养殖区分布最多，而在>80%养殖区受人为驱赶分布很少，以两者为上下限确定评价准则；距繁殖地距离 = 觅食地与大屿岛和鸡屿岛连线中点的距离，划分标准同周边觅食地分布。

参照评价准则，对白鹭繁殖栖息生境和觅食生境的各项适宜性因素赋予评价值，根据公式（8-1）进行计算和评价：

$$S = \sum (S_i \times W_i) \tag{8-1}$$

式中：S 表示生境适宜度；S_i 表示各项生境适宜性因素的适宜度；W_i 为各生境适宜因素的权重，通过收集专家意见，利用层次分析法获得4项繁殖栖息生境适宜性因素的权重：植被覆盖率 0.1、适宜树种分布 0.3、主要觅食地距离 0.3、生态稳定性 0.3；4 项觅食生境适宜性因素的权重：觅食地滩涂水质 0.2、滩涂类型 0.4、周边水产养殖密度 0.1、距繁殖地距离 0.3。

8.2.2　人为干扰因素评价方法

人为对白鹭生境产生干扰主要来自人类活动及其产生的噪声影响，干扰程度的大小取决于人为活动强度和噪声强度等，利用土地使用类型和建筑物密度可以很好地代表人为干扰的强度。选取白鹭繁殖地和觅食地周边的主要人类利用土地（海洋）类型——航道、工业区、商业区、居民区、城市主干道、园林地、农田绿地代表不同人为干扰类型和程度，其中自然的水域和滩涂被认为是无干扰（水产养殖对白鹭生境的人为干扰已在适宜性评价中考虑）；根据不同土地类型人为活动强度和噪声强度的大小，建立人为干扰因素评价准则，如表 8-3。

表 8-3　人为干扰因素评价准则

土地类型	很强烈	强烈	比较强烈	不强烈	轻微
商住区	0.9				
工业区		0.8			
主干道	0.9				
航道			0.4		
园林地					0.1
绿地/耕地				0.2	
水域					0
滩涂					0

参照与白鹭体形和行为相近的丹顶鹤研究（Xu，2000；Li and Wang，2000），以及鸟类对人类侵扰的耐受度研究成果（李欣海等，2002；王彦平等，2004a，2004b；Fuller et al，2005），对于繁殖地大屿岛和鸡屿岛以边界为基线，对于 10 个代表性觅食点以觅食地中心点为基点，选择 0 ~ 600 m、600 ~ 1 200 m 两条缓冲带作为人为干扰研究区域。利用 2004 年厦门市卫片图（分辨率为 5 m×5 m），并参照 1999 年厦门市土地利用类型图，使用软件 Mapinfo 7.0 将白鹭生境人为干扰评价范围 1 200 m 内的土地利用类型进行数字化，然后通过 ArcView 3.2a 软件，根据人为干扰评价准则中赋予不同土地类型的评价值，通过公式（8-2）进行计算：

$$D = \frac{1}{A_1} \sum (a_{1i} \times d_i) + \frac{1}{A_2} \sum (a_{2i} \times d_i) \qquad (8-2)$$

式中：D 代表人为干扰程度；A_1 代表白鹭生境周围 600 m 研究区面积；a_{1i} 代表 A_1 内不同土地利用类型的面积；A_2 代表白鹭生境周围 600~1 200 m 研究区面积；a_{2i} 代表 A_2 内不同土地利用类型的面积；d_i 代表不同土地利用类型干扰程度的评价值（见图 8-2）。

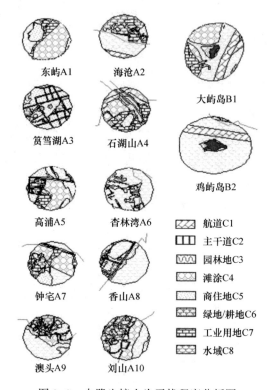

东屿A1　　海沧A2

　　　　　　　　　　　大屿岛B1

筼筜湖A3　　石湖山A4

　　　　　　　　　　　鸡屿岛B2

高浦A5　　杏林湾A6

▨	航道C1
▥	主干道C2
◩	园林地C3
▤	滩涂C4
▦	商住地C5
▧	绿地/耕地C6
▨	工业用地C7
▩	水域C8

钟宅A7　　香山A8

澳头A9　　刘山A10

图 8-2　白鹭生境人为干扰程度分析图

8.2.3　白鹭生态安全综合评价方法

人为干扰程度对于白鹭在繁殖栖息地和觅食地是不同的，考虑到白鹭在繁殖栖息生境中的繁殖和栖息行为对人为干扰的耐受度要远小于其在觅食生境中的觅食行为，因此人为干扰对繁殖栖息生境和觅食生境生态适宜性造成的损害也不同，综合以上对白鹭生境适宜性和人为干扰的评价结果，利用公式（8-3）进行白鹭生态安全综合评价：

$$ES = S - D \times W_D \qquad (8-3)$$

式中：ES 代表白鹭的生态安全程度，可以理解为受到人类干扰后仍保持的生态适宜性；S 代表白鹭生境适宜度；D 代表白鹭生境的人为干扰程度；W_D 代表两者在白鹭生态安全中的权重，其中对于繁殖栖息生境和觅食生境，W_D 分别取值为 0.5 和 0.25。

8.3　结果与讨论

8.3.1　白鹭生境生态适宜性

对白鹭繁殖栖息生境的生态适宜性评价发现，大屿岛和鸡屿岛各项生态适宜性指标的评价值均处于适宜的等级内，大屿岛的综合生态适宜度为 0.875，鸡屿岛综合生态适宜度为 0.915。从生态适宜性上考虑，两岛均适宜作为白鹭繁殖栖息地，其中影响生态适宜性的主要因素是生态稳定性。由于鸡屿岛在生态稳定性及与周边觅食地的距离指标上优于大屿岛，鸡屿岛整体生态适宜性略高于大屿岛。

对厦门 10 个觅食生境的生态适宜性评价发现：筼筜湖、杏林湾和海沧 3 处觅食生境综合生态适宜度最高，属于适宜等级；其中筼筜湖和海沧两地除水质适宜度指标外，其他 3 项生态适宜度指标均处在适宜等级。其他 7 处觅食生境综合生态适宜度均在 0.6~0.8 之间，处在较适宜等级内；其中以高浦和香山觅食生境综合适宜度最低。厦门白鹭 10 个觅食生境的适宜度平均值为 0.732 1，觅食生境总体处于较适宜等级，影响觅食地适宜度的因素主要是觅食生境水质，10 个觅食生境的水质适宜度平均值仅为 0.595，处在一般水平。其中，东屿、石湖山和高浦三处水质处于较不适宜和一般的分界点，而筼筜湖水质适宜度也仅处在一般水平。

8.3.2　人为干扰影响

从繁殖栖息生境受到的人为干扰度来看，大屿岛略高于鸡屿岛，两岛所受到的人为干扰均处在轻微等级内，其中外层干扰明显强于内层干扰。从觅食生境受到的人为干扰度来看，筼筜湖和石湖山受到的人为干扰最高，处于强烈干扰等级；海沧和东屿受到的人为干扰处于较强烈等级；其余 6 处觅食生境处于不强烈和轻微等级，其中以刘山和杏林湾受到的人为干扰最少，处在轻微等级。总体来看，白鹭在厦门的觅食生境受到的人为干扰明显高于繁殖栖息地，但仍处在不太强烈等级，其中来自外层的人为干扰略高于内层的干扰。

8.3.3　生态安全综合评价

白鹭的繁殖栖息地的生态安全分析结果中（表 8-4），鸡屿岛和大屿岛的生态安全程度均处于安全等级，但是鸡屿岛在生态适宜性和受到的人为干扰程度上都要优于大屿岛，因此总体的生态安全程度也高于大屿岛。为验证对白鹭栖息地生态安全的分析结果，对比从 1996 年至 2004 年繁殖期白鹭在大屿岛和鸡屿岛上白鹭种群数量（见图 8-3），鸡屿岛多年平均白鹭数量（4 456）要高于大屿岛（2 966）。此外，白鹭在鸡屿岛（标准方差为 1 738.248）繁殖栖息的数量的变化比大屿岛（标准方差为 1 907.087）更为稳定。说明鸡屿岛作为白鹭繁殖栖息地的生态安全性要略高于大屿岛。

表 8-4　白鹭生态适宜度、人为干扰度和生态安全度评价结果

生境地点	生态适宜度	人为干扰度	生态安全度
大屿岛	0.875	0.137	0.806 5
鸡屿岛	0.915	0.090	0.870 0
筼筜湖	0.805	0.781 2	0.609 7
香山	0.672	0.287 5	0.600 1
刘山	0.757	0.142 9	0.721 3
钟宅	0.678	0.335 8	0.594 1
石湖山	0.702	0.617 1	0.547 7
澳头	0.702	0.358 6	0.612 4
杏林湾	0.803	0.096 2	0.779 0
东屿	0.679	0.423 1	0.573 2
海沧	0.851	0.440 9	0.740 8
高浦	0.672	0.362 8	0.581 3

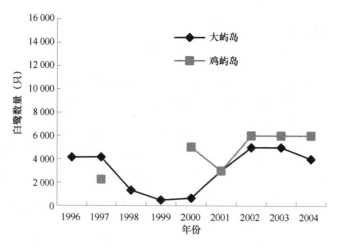

图 8-3　繁殖期白鹭在大屿岛和鸡屿岛的数量变化

注：近海海洋环境科学国家重点实验室，厦门大学环境科学研究中心，国家海洋局第三海洋研究所，2005

从白鹭在厦门的 10 个代表性觅食生境的生态安全分析中发现，没有一处是属于安全等级的觅食生境，虽然以杏林湾、海沧和刘山的生态安全度最高，但是也仅处于较安全等

级，其他还有澳头、筼筜湖和香山的生态安全度处于较安全等级，其他 4 处觅食生境处于一般安全等级。本书选取的具有代表性的 10 个白鹭觅食生境生态安全平均值为 0.669 7，因此总体来看厦门白鹭的觅食生境处于较安全等级。参考方文珍等（2002，2004）1999—2000 年观察到的白鹭在 10 个觅食地的种群数量，发现 1999 年 7 月—2000 年 6 月期间，杏林湾、海沧和刘山是白鹭聚集觅食数量最多的地方，与本书的分析结果一致。

8.4　结论

白鹭的生态安全是指白鹭所处的生态系统能够维持白鹭种群持续生存的需求和条件，它从根本上取决于白鹭的生境安全。本书分别选择白鹭在厦门的两个主要繁殖栖息生境——大屿岛和鸡屿岛以及 10 个代表性觅食生境为研究对象，通过对白鹭在厦门生态习性的调查研究，参考相关文献资料，结合地理信息分析技术对白鹭生境的生态适宜性和人为干扰程度进行分别评价，前者考虑维持白鹭可持续生存的生境条件及其适宜程度；后者考虑对白鹭生境生态适宜性造成干扰、破坏的因素及其影响强度。然后结合生境适宜性评价和人为干扰程度评价结果，对厦门自然保护区白鹭的生态安全进行综合评价。白鹭的繁殖栖息地的生态安全分析结果表明，鸡屿岛和大屿岛的生态安全程度均处于安全状态，鸡屿岛作为白鹭繁殖生境生态安全程度高于大屿岛。从白鹭在厦门的 10 个代表性觅食生境的生态安全分析中发现，没有一处是属于安全等级的觅食生境，虽然以杏林湾、海沧和刘山的生态安全度最高，但是也仅处于较安全状态，其余有 3 个处在较安全状态，4 个处在一般安全状态。总体来看白鹭在厦门自然保护区处于比较安全状态，与厦门海岸带生态健康综合评价结果相似，说明白鹭对厦门海岸带生态健康的典型性。

第9章 生态安全响应力评价方法构建

9.1 生态安全问题因素以及生态安全响应力

"压力—状态—响应力"模型及其演变而来的"驱动力—压力—状态—影响—响应力"模型中都强调了响应力的概念。在区域尺度的"社会—经济—自然复合生态系统"中，驱动力是生态安全问题产生的根本原因，由于人类和自然驱动力的存在，导致生态安全压力的产生，压力直接促使生态系统产生变化。状态变化具体表征生态系统所产生的变化，而这种变化的后果就是分析模型中所指的影响。生态安全响应力是指人类社会为解决生态安全问题而进行的积极反馈，它不仅要约束驱动力的不利增长，减轻压力的作用，而且需要对已产生的状态变化和负面影响进行改善和处理。驱动力、压力、状态和影响作为响应力作用的对象，可归结为生态安全问题产生的因素，体现人为或自然因素造成生态安全问题的凸显的过程，从根本因素（人类和自然驱动力），直接因素（压力），状态变化因素，到造成的影响因素。而响应力是人类社会主动解决、减轻或预防海岸带生态安全问题的积极作用，是实现生态安全的具体措施和途径，如图9-1。

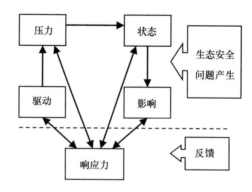

图 9-1 生态安全问题因素以及生态安全响应力

126

9.1.1　生态安全问题产生因素

由于生态安全问题产生的因素众多，涉及经济、社会和生态、环境等多个方面，因此有必要对生态安全问题产生因素进行归类分析。根据 Bowen 和 Riley（2003）对 DPSIR 分析模型中宏观社会经济因素的研究，结合考虑自然作用力，本书将生态安全问题产生因素——驱动力、压力、状态和影响归结为 9 类：自然灾害、人口变化、经济条件、社会条件、发展压力、生态变化、污染物产生、资源开采和资源利用。

（1）自然灾害：包括海啸、台风、风暴潮、地震、海岸侵蚀、厄尔尼诺现象等自然因素对海岸带产生的破坏作用，也包括由于人类影响自然界造成的破坏，如全球变暖、海平面上升、酸雨等。

（2）人口变化：包括人口总数、密度和分布的变化，是人类活动强度现状和趋势的宏观指标。

（3）经济条件：包括区域的经济规模、结构、方式等，是表示人类利用资源和环境的宏观模式和现实驱动力。

（4）社会条件：包括人对生态系统的认识和态度，是人类利用资源和环境的一种潜在驱动力。

（5）发展压力：指人类社会发展对生态系统造成的压力，主要是对可持续发展能力的影响，例如经济发展方式与资源和环境的矛盾。

（6）生态变化：指人为破坏作用导致海岸带生态系统，特别是野生生境的退化和消失，其中伴随着生态功能和生态价值的丧失。

（7）污染物产生：指人类向区域内排放污染物，包括点源和非点源污染。

（8）资源开采：指人类社会获取资源（包括能源）的具体方式和活动，包括开采的规模和方式，如再生资源开采和非可再生资源开采等。

（9）资源利用：指人类对资源的利用的具体行为和状况，包括人类利用资源的数量、方式和效率，如资源有效利用率、资源循环利用率、非再生资源使用比例等。

9.1.2　生态安全响应力

生态安全响应力是来自人类社会的积极反馈，本书对生态安全响应力也进行归类分析。根据人类社会经济系统组成、结构和功能，本书将生态安全响应力归纳为 6 种反馈途径：法律法规与政策、管理体制与机制、经济发展与支持、基础设施建设、教育与科技支撑、公众意识与参与。

（1）法律法规与政策：法律是由立法机关制定，国家政权保证执行的行为规则。法规泛称法律、条例规章等，这里特指"各类管理机构制定和实施的各种类似法律、具有法律效力的规范"（陈振明，2005）。政策是国家、政党为实现一定的政治路线而制定的行动准则，具体的政策可以转变为行动实施的计划、规划和具体项目。本书主要考虑法律法规与政策系统的存在和运作状态，重点考虑维护生态安全相关的法律、法规与政府的政策、规划、计划的存在与运作状态。

（2）管理体制与机制：管理体制一般指人类社会管理体系，包括政治、经济、文化等方面的组织方式，组织结构。管理机制指人类社会作为一个有机体的构造、功能及其相互关系或工作原理。本书主要考虑政府和非政府组织整个管理体制与机制的存在与运作状态，重点是协调人类开发利用环境、资源的组织形式和运作方式。

（3）经济发展与支持：经济通常指人类社会物质生产、流通、交换等活动。经济发展必须遵守经济规律，它是经济现象间本质的联系，通过认识经济规律并利用它可以发展和改变现有的经济状况，并对社会系统中的其他组成产生影响。经济反馈途径是指根据客观经济规律和物质利益原则，利用各种经济杠杆，调节各种不同经济利益之间的关系，以促进顺利实施。本书主要考虑区域经济发展的整体状况，重点是与生态环境保护相关的经济产业或经济投入。

（4）基础设施建设：基础设施建设包括基础设施的建设与维护措施，基础设施是社会或社区正常运作所需要的基本设施、服务和安装设备等，如交通与通信系统，水与电力供给线，以及学校、邮局和监狱等公共机构。维护措施是针对保障基础设施正常运作而实行的处理办法。本书主要考虑人类社会中可用于保护生态系统安全的基础建设与维护措施，重点是与维护生态安全相关的基础设施与运行状况。

（5）教育与科技支撑：教育是培养人才、传播知识的工作和活动。科技支撑是指在人类社会中在某项活动或工作过程中提供科学理论技术的帮助。环境教育是环境管理的一个基本手段，通过教育可以提高人的环境意识，规范人的环境行为等。对生态保护进行科技投入的大小表现了科技支撑的力度，科技支撑的力度还表现于科技在生态环境保护中所起的作用。对于自然生态系统的认识直接来源于科学理论的发展和教育的普及，而维护和调节生态系统的效果很大程度上取决于科学技术的发展和受教育人才的发挥作用。本书主要考虑人类社会整体教育和科技发展状况，重点是维护生态安全的教育和科学技术能力及相关方面的投入。

（6）公众意识与参与：意识是指人的头脑对于客观物质世界的反映，是感觉、思维等各种心理过程的总和。公众意识是公众头脑中对客观物质世界，包括人类社会和自然生态系统的反映和认识。公众参与是个连续、双向的交流过程，具体包括：促进公众了解由权威机构调查和解决问题的过程和机制；向公众公布政策、计划、规划以及项目的形成和评价活动的现状、研究进展和执行情况；积极征询相关利益人群对以上活动的意见和看法。

它是一种以人为中心的反馈途径，通过运用非强制性的手段，使公众自愿去贯彻执行。本书主要考虑人类社会公众意识及公众参与在社会过程中发挥的作用，重点是公众对维护生态安全的积极性和参与能力。

9.2　生态安全响应力与生态安全问题因素的作用机制

9.2.1　区域生态安全问题因素的重要性比较

不同区域面临的生态安全问题不同，生态安全问题产生原因、表现形式，以及造成影响也各有不同。对生态安全响应力进行评价首先应确定某区域生态安全问题产生的具体情况，分辨出不同生态安全问题因素对生态安全问题产生所起的不同作用，即在区域生态安全问题中的重要性。根据前文对生态安全问题产生总结的 9 类因素，通过层次分析法定量判断该区域各个生态安全问题因素在生态安全问题中的重要性，评价 9 个生态安全问题因素对整个生态安全问题产生所起作用或比例的大小，量化地表征 9 个生态安全问题因素在生态安全问题中所占的重要性（表 9-1）。

表 9-1　9 个生态安全问题因素重要性的对比表

生态安全问题因素	自然灾害	人口变化	经济条件	社会条件	发展压力	生态变化	污染物产生	资源开采	资源利用	重要性
自然灾害	1	1/3	1/3	1	1/5	1/3	1/3	1	1	0.05
人口变化	3	1	1	3	1/2	1	1	2	2	0.13
经济条件	3	1	1	3	1/2	1	1	2	2	0.13
社会条件	1	1/3	1/3	1	1/5	1/3	1/3	1	1	0.05
发展压力	5	2	2	5	1	2	2	5	5	0.26
生态变化	3	1	1	3	1/2	1	1	2	2	0.13
污染物产生	3	1	1	3	1/2	1	1	2	2	0.13
资源开采	1	1/2	1/2	1	1/5	1/2	1/2	1	1	0.06
资源利用	1	1/2	1/2	1	1/5	1/2	1/2	1	1	0.06

注：矩阵中每一表格的数据表示某行向量所指生态安全因素与列向量所指生态安全因素之间对该区域生态安全问题重要性的对比判断值，将两两因素的相对重要性用数值 1~9 及它们的倒数表示，其含义为 1（表示前者与后者一样重要），3（表示前者比后者稍微重要），5（表示前者比后者明显重要），7（表示前者比后者强烈重要），9（表示前者比后者绝对重要）；它们之间的数 2、4、6、8 及各数的倒数具有相应的类似意义。

9.2.2 生态安全响应力对生态安全问题因素的作用方式

生态安全响应力对生态安全问题因素的作用包括预警、预防、控制、减轻、治理、恢复等，在文中用"反馈作用"一词统一代表。响应力对生态安全问题产生因素作用方式的判断，基本上根据响应力反馈作用时间与生态安全问题发生时间的相对前后决定。

（1）如果对某种生态安全驱动力或压力有所认识，但又没有充分的证据判定该生态安全问题是否产生或何时产生，此时若采取某种生态安全响应力，即可称是对某种生态安全问题产生因素的预警作用。

（2）如果对某项生态安全问题产生已经掌握充足证据，甚至判定在何时何地发生，此时采取的生态安全响应力，就可以称为是对生态安全问题因素的预防。

（3）如果生态安全问题已经形成，但是还没有扩大，没有形成显著的状态变化或者造成明显的负面影响，此时采取的生态安全响应力限制影响的进一步扩大，称为对生态安全问题因素的控制。

（4）如果生态安全问题产生并造成了显著的生态状态变化和负面影响，在情况得到控制下，此时采取的生态安全响应力，主要是为了减轻生态安全问题产生造成的后果，也可以称作是对生态安全问题的治理。

（5）在生态安全问题得到减轻和治理之后，一般要进行对原有生态系统的恢复工作，此时采取的生态安全响应力可以称作是恢复。

9.2.3 生态安全响应力的作用性质

6个主要响应力对生态安全问题因素的反馈作用具有不同的性质，反馈作用性质的不同来自不同响应力调动和运用人力、物力应对生态安全问题因素发生作用的具体方式不同。响应力的作用性质具有敏感性和持续性两个特征，前者是指生态安全问题出现后该响应力的反馈作用形成时间的长短，形成时间越短，敏感性越强；后者是指反馈形成后对生态安全问题因素作用的时间长短，作用时间越长，持续性越强。通过对生态安全响应力作用性质的对比分析，可知在所有响应力中基础设施建设的敏感性最强，法律法规与政策的敏感性最弱，这说明生态安全问题出现后（出于预防的目的，也可以在生态安全问题出现之前；出于控制和治理的目的，也可以在生态安全问题出现过程中），通过基础设施建设实现反馈作用需要的时间最短，而通过法律法规与政策形成反馈作用需要的时间最长。从持续性上，在反馈作用形成后，法律法规与政策、教育与科技投入作为反馈可以维持作用的时间最长，而基础设施建设相对来说维持作用的时间最短。表9-2中对6种响应力的作

130

用性质进行了对比分析。

表 9-2　生态安全响应力的作用性质

生态安全响应力	作用性质	
	敏感性	持续性
法律法规与政策	弱	强
管理体制与机制	较弱	较强
经济发展与支持	较弱	较强
基础设施建设	强	中等
教育与科技支撑	较强	强
公众意识与参与	较强	较强

注：按照模糊理论中隶属度的概念，可以分别赋予弱、较弱、中等、较强和强等描述评价结果以定量化的隶属度 0.2、0.4、0.6、0.8、1 表示。

9.2.4　生态安全响应力与生态安全问题因素的相关性

生态安全响应力与生态安全问题因素之间作用的相关性是描述两者联系紧密程度的重要特征。人类社会对于某种具体的生态安全问题的响应力常常集中在某一种或几种途径。例如：对于自然灾害的反馈作用，人类社会主要是通过基础设施建设的途径实现，因此作为响应力的基础设施建设与自然灾害的相关程度是较高的。作用的相关程度与生态安全响应力与生态安全问题因素之间的作用方式和生态安全响应力本身的作用性质相关，同时也反映了响应力对生态安全问题因素作用的针对性。这种作用针对性的强弱很大程度上来自这种作用的直接程度。作用越是直接，两者间的相关性越高。但是响应力的作用性质以及作用方式也可以影响相关性的大小。本书通过建立生态安全响应力与生态安全问题因素直接程度判断矩阵，同时考虑响应力的作用性质和作用方式，来综合分析 6 个生态安全响应力与 9 个生态安全问题因素之间作用联系的相关性。

针对每个生态安全问题因素，对比 6 个响应力和它的相关程度。针对任何一个生态安全问题因素建立由 6 个响应力组成的层次分析对比评价表，通过层次分析法确定 6 个响应力对某个生态安全问题因素的相关性程度的高低。例如，对于生态安全问题因素自然灾害，可以构建见表 9-3 的判断矩阵。

表 9-3　生态安全响应力与自然灾害相关程度的层次分析矩阵

自然灾害	法律法规与政策	管理体制与机制	经济发展与支持	基础设施建设	教育与科技支撑	公众意识与参与
法律法规与政策	1	1/3	3	1/5	1	1/3
管理体制与机制	3	1	5	1/3	3	1
经济发展与支持	1/3	1/5	1	1/7	1/3	1/5
基础设施建设	5	3	7	1	5	3
教育与科技支撑	1	1/3	3	1/5	1	1/3
公众意识与参与	3	1	5	1/3	3	1

注：矩阵中每一表格的数据表示某列向量和自然灾害相关程度与该行向量和自然灾害相关程度之间的对比判断值，分别用 1、3、5、7、9 代表前者相关性比后者的相关相等、略微强、明显强、强烈强、绝对强；它们之间的数 2、4、6、8 及各数的倒数具有相应的类似意义。表内数据以厦门市为例。

　　通过对所有 9 个生态安全响应力与生态安全问题因素的相关程度进行判断，最终获得 6 个生态安全响应力与 9 个生态安全问题因素的相关程度表（表 9-4），对 6 个生态安全响应力与 9 个生态安全问题因素的相关程度进行定量的体现。

表 9-4　生态安全响应力与生态安全问题因素相关程度表

问题因素	法律法规与政策	管理体制与机制	经济发展与支持	基础设施建设	教育与科技支撑	公众意识与参与
自然灾害	0.08	0.19	0.04	0.42	0.08	0.19
人口变化	0.31	0.31	0.12	0.05	0.10	0.12
经济条件	0.08	0.08	0.42	0.19	0.19	0.04
社会条件	0.05	0.05	0.13	0.13	0.32	0.32
发展压力	0.15	0.15	0.43	0.06	0.06	0.15
生态变化	0.11	0.11	0.05	0.31	0.31	0.11
污染物产生	0.19	0.19	0.05	0.19	0.19	0.19
资源开采	0.26	0.26	0.26	0.04	0.09	0.09
资源利用	0.08	0.08	0.19	0.03	0.19	0.43

注：表中数值经过归一化处理，通过每一列介于 0~1 的数值表示生态安全响应力与每个生态安全问题因素的相关程度大小。表中数据以厦门市为例。

9.3 生态安全响应力评价方法

9.3.1 生态安全响应力评价的目标

生态安全响应力的评价方法主要参考环境管理学、公共管理学、政治学和社会学的调查和评价方法。评价的目标是基于对反馈效果、效率和充分性的考虑（反馈效果还可以通过反馈的经济效益获得）；生态安全响应力评价的目标是评价生态安全响应力对生态安全问题因素反馈作用的效果、效率和充分性。

（1）反馈的效果是指响应力对生态安全问题因素实施作用的大小，即对生态安全问题因素进行维持或改善的结果，或者是达到预期目标的程度。反馈效果评价是生态安全响应力评价的主要内容，是反馈效率和充分性评价的基础。

（2）反馈的效率是指响应力对生态安全问题因素作用的效果在时间上的反映，生态安全响应力评价在考虑反馈效果的同时也考虑其在实现效果时间上的长短，通过综合考虑响应力的作用效果和产生效果的时间两方面结合评价反馈的效率。

（3）反馈的充分性是指响应力对生态安全问题因素反馈作用的完整性，包含了针对性。不同反馈作用对不同生态安全问题因素有所针对；完整性要求所有的响应途径必须都能够产生作用。本书认为只有所有的响应力反馈作用同时存在，并且能够对所有的生态安全问题因素产生积极作用，生态安全的反馈作用才是充分的。

（4）反馈的效益是指从经济学的角度衡量响应力实施过程中物力、人力投入与作用效果产出之间的比较，是通过货币来直接衡量反馈的效果。响应力实施中物力、人力投入可以使用现实的货币价值衡量；作用效果目前很难估计，原因是效果的经济价值不仅涉及社会和经济收益，更多的是来自生态价值和环境价值的收益。在目前阶段对于生态价值和环境价值的计算还没有公认的计算方法，而且相关数据收集困难，本书只是提出生态安全响应力的反馈效益的要求，不作具体评价。

9.3.2 响应力反馈效果评价方法

9.3.2.1 响应力反馈效果评价矩阵

评价生态安全的响应力，主要是评价响应力的 6 个作用途径对生态安全问题因素及其产生过程的作用。因此可以把生态安全响应力的 6 种途径作为生态安全响应力的自变量

X，驱动力、压力、状态和影响所包含的 9 类因素作为响应力的因变量 Y，由此构建生态安全响应力评价矩阵。响应力自变量对因变量指标反馈作用的评价构成生态安全响应力评价矩阵中的元素 a_{ij}（a_{11}，a_{12}，a_{13}，…，a_{59}），例如 a_{12} 表示自变量 X_1 对因变量 Y_2 的反馈效果的评价结果，根据模糊理论，所有的 a_{ij} 用隶属度 0~1 量化表示，如表 9-5。

表 9-5　生态安全响应力评价矩阵

因变量	自变量					
	X_1/W_{x1}	X_2/W_{x2}	X_3/W_{x3}	X_4/W_{x4}	X_5/W_{x5}	X_6/W_{x6}
Y_1/W_{y1}	a_{11}	a_{21}	a_{31}	a_{41}	a_{51}	a_{61}
Y_2/W_{y2}	a_{12}	a_{22}	a_{32}	a_{42}	a_{52}	a_{62}
Y_3/W_{y3}	a_{13}	a_{23}	a_{33}	a_{43}	a_{53}	a_{63}
Y_4/W_{y4}	a_{14}	a_{24}	a_{34}	a_{44}	a_{54}	a_{64}
Y_5/W_{y5}	a_{15}	a_{25}	a_{35}	a_{45}	a_{55}	a_{65}
Y_6/W_{y6}	a_{16}	a_{26}	a_{36}	a_{46}	a_{56}	a_{66}
Y_7/W_{y7}	a_{17}	a_{27}	a_{37}	a_{47}	a_{57}	a_{67}
Y_8/W_{y8}	a_{18}	a_{28}	a_{38}	a_{48}	a_{58}	a_{68}
Y_9/W_{y9}	a_{19}	a_{29}	a_{39}	a_{49}	a_{59}	a_{69}

注：Y_1 自然灾害；Y_2 人口变化；Y_3 经济条件；Y_4 社会条件；Y_5 发展压力；Y_6 生态变化；Y_7 污染物产生；Y_8 资源开采；Y_9 资源利用。X_1 法律法规与政策；X_2 管理体制与机制；X_3 经济发展与支持；X_4 基础设施建设；X_5 教育与科技支撑；X_6 公众意识与参与。

由于不同区域的生态环境条件不同，所面临的具体生态安全问题也有差别，因此在构建生态安全响应力评价矩阵时，还应当结合当地实际，体现生态安全问题中的 9 类因素之间的主次关系，即重要性的差别；以及响应力的 6 个作用途径的强弱差别，即响应力与生态安全因素之间的相关性。因此需要赋予生态安全响应力自变量和因变量权重 W_{xi} 和 W_{yj}，其中 W_{xi} 表示某一响应力与某一生态安全问题因素的相关性，针对不同的生态安全问题因素，6 种反馈途径的作用权重是不同的；W_{yj} 则表示某一生态安全问题因素在研究区域生态安全问题中的重要性，即影响该区域生态安全问题的权重。

因自变量和因变量之间的关系是相互交叉的，即一个自变量 X 可以作用于多个因变量 Y，而同一个因变量可能受到多个自变量的影响。因此整个区域生态安全响应力的评价可以通过生态安全问题 9 个因素受到的反馈作用来进行评价。

建立生态安全响应力反馈作用综合评价方程：

$$A_y = \sum_{j=1}^{9} A_{yj} \times W_{yj} \tag{9-1}$$

式中：A_y 表示 9 个因变量（生态安全问题因素）受到反馈作用的综合评价结果；A_{yj} 为生态安全问题因素 Y_i 受到的反馈作用的评价集合；W_{yj} 为生态安全问题各因素在整个生态安全问题中所占权重。A_y 的评价值越高，表示生态安全问题产生因素受到的响应力和控制越多，生态安全的维护能力越强。

9.3.2.2　响应力反馈效果评价方程

自变量 X_1 对因变量 Y_2 的反馈效果的评价可以通过两种方式获得。一种是考虑生态安全响应力自变量 X_i 实施和运行状况，通过自变量的实施和运行情况来间接评价对因变量的反馈效果；响应力实施和运行的情况越好，说明生态安全响应力越强，生态安全问题因素受到的控制越多，生态安全的反馈效果越好。该评价注重对生态安全响应力本身的实施和运行进行评价，由此对因变量的未来变化效果进行判断，是对生态安全响应力产生效果的间接评价，也是一种预评价。另一种是考虑因变量的变化，通过因变量自身改善的程度直接评价反馈效果，生态安全问题因素的积极转变越多，说明生态安全响应力实施的效果越好，该评价注重因变量的实际改变，由此判断自变量的实施效果，是对生态安全响应力的直接评价，也是后评价。由于生态安全响应力涉及众多方面，直接测量 9 个生态安全问题因素的变化非常困难，甚至在目前阶段有些因素的变化还很难判断，例如自然灾害的预测。另一方面，通过对生态安全响应力本身的实施和运行进行评价可以显著发现目前响应力反馈作用存在的不足，为补充和改进各种响应力的反馈作用提供决策依据。因此本书选择通过对生态安全响应力自变量 X_i 实施和运行状况进行评价来获得对各项生态安全问题因素的反馈效果。

建立各项生态安全问题因素的反馈效果评价方程：

$$A_{yj} = \sum_{i=1}^{6} a_{ij} \times W_{ij} \tag{9-2}$$

式中：A_{yj} 代表生态安全问题因素 Y_j 受到的反馈作用效果的评价结果；a_{ij} 代表生态安全响应力自变量 X_i 自身实施和运行状况的评价结果；W_{ij} 代表生态安全响应力自变量 X_i 与因变量 Y_j 之间作用的相关性，见表 9-4。A_{yj} 的评价值越高，代表生态安全问题因素受到的反馈作用的效果越好。将 A_{yj} 代入综合评价方程（9-1），获得整个区域生态安全反馈效果的综合评价结果。

9.3.3　响应力反馈效率评价方法

响应力的反馈效率评价是基于反馈效果评价结果构建的，通过综合考虑自变量的作用效果和自变量对因变量作用时间两个方面来评价生态安全响应力的反馈效率。响应力对生态安全问题因素的作用从反馈时间性质上可以分为敏感性和持续性，因此生态安全响应力自变量对因变量作用效率评价也相应分为注重敏感性的时效性评价和注重持续性的长效评价。

建立生态安全响应力时效评价方程：

$$A'_{yj} = (\sum_{i=1}^{6} a_{ij} \times W_{ij} \times T_{xi})/A_{yj} \qquad (9-3)$$

式中：A'_{yj}表示某个生态安全问题因素受响应力反馈作用时效的评价结果；a_{ij}、W_{ij}同上；T_{xi}代表安全响应力自变量X_i自身实施和运行的敏感性，用隶属度表示。A'_{yj}的评价值越高，表示生态安全问题产生因素受到的反馈作用并产生效果所需的时间越短，即时效性越好。将A'_{yj}代入综合评价方程，获得整个区域生态安全反馈时效性的综合评价结果。

建立生态安全响应力长效评价方程：

$$A''_{yj} = (\sum_{i=1}^{6} a_{ij} \times W_{ij} \times C_{xi})/A_{yj} \qquad (9-4)$$

式中：A''_{yj}表示某个生态安全问题因素受响应力反馈作用长效的评价结果；a_{ij}、W_{ij}同上；C_{xi}代表安全响应力自变量X_i自身实施和运行的持续性，用隶属度表示。A''_{yj}的评价值越高，表示生态安全问题产生因素受到反馈作用并产生效果的持续性越长，即长效性越好。将A''_{yj}代入综合评价方程，获得整个区域生态安全反馈长效性的综合评价结果。

9.3.4 响应力反馈充分性评价方法

生态安全响应力的反馈充分性评价同样需要以反馈效果评价为基础，涉及反馈作用的完整性和反馈效果两个方面。反馈充分性要求针对某个生态安全问题因素，所有的响应力都能够产生相应的作用，即反馈的完整性；另一方面，充分性还要求所有的反馈作用都能够有好的效果。根据反馈的效果，在此基础上定量分析因变量受自变量反馈作用的充分性；同时通过列举清单法分析各个因变量受自变量作用的完整性，见表9-6。

建立生态安全响应力反馈充分性评价方程：

$$A'''_{yj} = 1 - \sum_{i=1}^{6} (b_{ij} \times W_{ij}) \qquad (9-5)$$

其中：A'''_{yj}表示某个生态安全问题因素受响应力反馈作用充分性的评价结果；b_{ij}表示生态安全响应力自变量X_i对因变量Y_j的反馈效果与理想值的差距，$b_{ij} = 1 - a_{ij}$；W_{ij}同上。A'''_{yj}的评价值越高，表示生态安全问题产生因素受到反馈作用与理想值差距越小，即充分性越高。将A'''_{yj}代入综合评价方程，获得整个区域生态安全反馈充分性的综合评价结果。

表 9-6 生态安全响应力完整性性评价清单表

因变量	变量					
	X_1	X_2	X_3	X_4	X_5	X_6
Y_1	B_{11}	B_{21}	B_{31}	B_{41}	B_{51}	B_{61}
Y_2	B_{12}	B_{22}	B_{32}	B_{42}	B_{52}	B_{62}
Y_3	B_{13}	B_{23}	B_{33}	B_{43}	B_{53}	B_{63}
Y_4	B_{14}	B_{24}	B_{34}	B_{44}	B_{54}	B_{64}
Y_5	B_{15}	B_{25}	B_{35}	B_{45}	B_{55}	B_{65}
Y_6	B_{16}	B_{26}	B_{36}	B_{46}	B_{56}	B_{66}
Y_7	B_{17}	B_{27}	B_{37}	B_{47}	B_{57}	B_{67}
Y_8	B_{18}	B_{28}	B_{38}	B_{48}	B_{58}	B_{68}
Y_9	B_{19}	B_{29}	B_{39}	B_{49}	B_{59}	B_{69}

注：表中 $B_{ij} = b_{ij} * W_{ij}$。

9.4 生态安全响应力评价指标体系

9.4.1 生态安全响应力指标体系

生态安全响应力的 6 个自变量只是涵盖了人类社会对生态安全反馈的 6 种主要途径，对于生态安全响应力自身实施和运行状况的评价需要构建细化的指标体系进行评价。构建细化的指标体系要以 6 个自变量指标为核心，通过分析各个自变量的内涵，逐步细化、选择指标。以下生态安全响应力评价指标的细化、选择基于上文对 6 种响应力的内涵分析，以厦门实际情况为例，构建海岸带生态安全响应力指标体系。

法律法规与政策反馈作用主要是通过对厦门市现有的与海洋生态环境保护相关的政策、法律和法规、具体实施的管理条例进行细分指标，政策方面考虑目前国内人口政策、可持续发展战略以及环保在政府决策中的重要性；法律法规方面考虑国际、国内和地方性的法律法规设立和实施情况；管理条例方面主要考虑厦门市对自然保护区以及城市环境保护相关条例的实施情况。其中环保在政府决策中的重要性是个整体性指标，决定了其他指标的实施情况。

管理体制和机制主要考虑目前我国实施的 8 项主要环境管理制度：环境影响评价、建设项目"三同时"管理、排污收费、环境目标责任制、城市环境综合整治定量考核、排污许可证制、污染集中控制和污染源限期治理。另外，补充其他厦门已经开始尝试实施的环境管理方式，如 ISO 14000 环境管理认证。由于厦门环境管理主要依靠行政管理为主，行政管理的效率就成为一个整体性指标，决定其他指标的反馈效果。

经济发展与支持主要考虑厦门市经济规模、产业结构、经济增长，以及消费 4 个方面。经济规模主要考虑厦门市人口和土地能够承载的经济规模；产业结构考虑不同产业对生态环境的影响以及环保产业的比例；经济增长和消费考虑增长贡献和消费方式是否对环境友好。其中经济产业结构很大程度决定了整个厦门经济发展和支持对生态系统的作用，是个整体性指标。

基础设施建设主要考虑厦门市资源供给、污染治理、环境质量控制和城市生态建设 4 个方面。资源供给主要考虑水、能源和粮食供给的安全状况；污染治理考虑厦门市对废水、废物的处理情况；环境质量考虑对大气质量、水质和土地利用的控制；城市生态建设考虑自然保护区、绿地和生态恢复建设情况。

教育与科技支撑主要考虑厦门市教育与科技投入、教育与科研水平和环保教育状况 3 个方面。教育与科研投入通过投入经费的多少评价；教育科研水平则考虑高素质人才的数量、环保技术的应用；环保教育主要考虑厦门市当地环境科学发展水平、社会对环保教育的重视程度以及媒体对环境的关注程度。其中教育与科技投入很大程度决定了教育与科研发挥作用的大小，因此是个整体性指标。

公众意识与参与考虑公众环境意识和公众参与环保的情况。前者考虑公众对环保的认同程度以及个人的环保意识；后者考虑厦门环保组织发展和家庭的环保行为。此外政府对公众意见的重视程度反映了公众意识反馈作用的大小；同时公众的参与程度也决定了这种反馈作用的程度，因此两者均视为整体性指标。

通过以上对 6 个自变量指标的进一步细化分析，获得第一级细化指标，由该级细化指标为评价目标，可进一步选取第二级细化指标，该级指标可用作操作指标，进行具体调查、分析和评价，见表 9-7。

9.4.2 响应力评价指标的调查、评价方法

9.4.2.1 指标类型与权重分配

按照 6 种响应力的具体内涵进行分析、延伸，获得第一级细化指标，该级指标的进一步延伸、细化获得第二级细化指标，作为生态安全响应力的操作指标体系。响应力评价的

表 9-7　厦门海岸带生态安全响应力评价指标体系

响应力自变量	第一级细化指标	第二级细化指标（操作指标）
法律法规与政策	政策	r1* 环保在政府管理中的重要性
		r2 人口自然增长率
		r3 可持续发展战略的实施
	法律和法规	r4 国内环境法律的实施
		r5 国际环境条约的实施
		r6 地方法规制定和实施情况
	管理条例	r7 自然保护区管理条例实施
		r8 地方环境标准的水平
管理体制与机制	主要管理体制	r9* 行政管理的效率
		r10 环境影响评价
		r11 建设项目"三同时"管理
		r12 排污收费
		r13 环境目标责任制
		r14 城市环境综合整治定量考核
		r15 排污许可证制
		r16 污染集中控制
		r17 污染源限期治理
	其他管理体制和机制	r18 环保投资机制
		r19 海域功能区划
		r20 环境管理标准的实施
		r21 绿色核算的实施
经济发展与支持	经济规模	r22 人均 GDP
		r23 单位面积产出值
	产业结构	r24* 经济产业结构
		r25 环保产业的发展状况
		r26 环保投入占 GDP 比例
	经济增长	r27 循环经济实施
		r28 绿色市场认证比例
		r29 科技对经济增长的贡献率
	消费方式	r30* 恩格尔系数
		r31 环保消费方式的实施
		r32 单位 GDP 耗能
		r33 单位 GDP 耗水

响应力自变量	第一级细化指标	第二级细化指标（操作指标）
基础设施建设	资源供给	r34 水资源供应情况
		r35 能源供给情况
		r36 粮食供给情况
	污染治理	r37 工业废水达标排放率
		r38 生活垃圾处理率
		r39 工业固体废物处理率
		r40 城市污水集中处理率
	环境质量控制	r41 空气质量
		r42 海水水质
		r43 地表水水质
		r44 森林覆盖率
	城市生态建设	r45 保护区面积占国土面积比例
		r46 建成区绿地率
		r47 水土流失率
		r48 生态恢复建设
		r49 近岸湿地保护率
教育与科技支撑	教育与科研投入	r50 科研教育经费占 GDP 比例
	教育与科研水平	r51 环保技术的应用状况
		r52 高等教育水平
	环保教育	r53 环境科学发展水平
		r54 对环境教育的重视程度
		r55 媒体中的环境题材
公众意识与参与	公众意识	r56* 政府对民众意见的重视程度
		r57 个人的环保意识
	公众参与	r58 环保组织的发展情况
		r59 环保运动的发展情况
		r60* 环保中的公众参与程度

注：*代表整体性指标。

操作指标按照影响的范围可以分为两大类：整体性指标和非整体性指标。前者影响整个该类的所有指标的评价结果，例如，环保中的公众参与程度会影响到公众参与中的整个第二级细化指标的评价结果，因为环保组织的发展情况和家庭的环保行为本质是环保中的公众参与程度的具体表现；而后者主要针对某个单独问题，与其他指标没有重叠或重叠较少。因此本书认为整体性指标占所属层次指标评价权重的50%，其他非整体性指标平均分配其余 50%的权重。6 种生态安全响应力的第一级细化指标采用权重均分处理。

9.4.2.2　指标数据收集与分析

指标相关数据获取方式包括文献分析、专家判断和问卷调查。针对不同指标内容采用不同的数据获取方式。其中对于数据分析指标多采用文献分析；对于实施情况的描述指标主要采用专家判断和问卷调查法，并辅以文献分析。

问卷调查法是询问法的一种，又称书面询问。它是指研究者根据研究的目的和要求，通过使用问卷的形式向调查对象搜集资料，并通过对资料的统计分析来认识社会现象及其规律的社会研究方法。

专家访谈指记录下所访谈专家们的发言，按照定性分析的分类标准进行分类整理，以便从专家们的意见中归纳出社会现象的状况、类型、特点或解释社会现象之间因果联系、预测社会的发展趋势等。

文献分析法是一种通过收集和分析现存的以文字、数字、符号和画面等信息形式出现的文献资料，来探讨和分析各种社会行为、社会关系及其他社会现象的研究方式。其中最常见的方法之一，是对各类统计资料的分析。

9.4.2.3　指标评价与量化评价

对指标所代表的问题进行调查后，根据实际情况进行描述或者与理想目标进行对比分析。对响应力的实施和运行状况的指标评价分为两种情况：一种是描述性指标，评价通过描述性语言表示，如表 9-8；另一种是定量化指标，评价需要将调查的数据结果与设定的理想值进行对比，通过两者的接近程度分等级进行评价。为了量化评价的目标，本书采用模糊理论的隶属度 0、0.2、0.4、0.6、0.8、1 表示 5 个等级，进行语言描述及现实数据与理想值的接近程度，如果该响应力不存在，隶属度为 0。问卷调查结果根据隶属度最大原则以最多选项的描述为主赋予相应隶属度；专家访谈根据专家意见的描述赋予相应隶属度；文献分析则需要参考已有或公认标准进行对比分析或计算获得相应隶属度。所获得的隶属度均属于区间级量化程度（见表 2-4）。

表 9-8　生态安全响应力评价等级和隶属度赋值范围

隶属度范围	0.8~1	0.6~0.8	0.4~0.6	0.2~0.4	0~0.2
评价描述	好	较好	一般	较差	差
	理想	较理想	一般	不太理想	不理想
	高	较高	一般	较低	低

第10章 海岸带生态安全响应力评价案例分析

10.1 厦门海岸带生态安全响应力操作指标评价

10.1.1 资料与数据来源

操作指标的评价主要参考厦门市建设社会主义生态文明课题组（2006）的"生态文明指标体系——以厦门为例"研究报告，厦门大学环境科学研究中心（2003）"厦门市生态城市概念性规划"研究报告和近海海洋环境科学国家重点实验室、厦门大学环境科学研究中心、国家海洋局第三海洋研究所（2005）"厦门市珍稀海洋物种国家级自然保护区生态安全评价"研究报告中的调查结果以及《2004 厦门经济特区年鉴》（厦门经济特区年鉴编委会，2004）的相关资料进行评价。对以上课题中未涉及的指标本书进行补充调查，开展评价。

10.1.2 操作指标评价结果

r1 环保在政府管理中的重要性：根据"厦门市生态城市概念性规划"课题中对专家问卷的调查结果，发现约 60%的专家认为环保在厦门政府施政目标体系中位置比较靠前，另有约 30%选择"中间位置"，由此赋予评价隶属度 0.6。

r2 人口自然增长率：参考"厦门市珍稀海洋物种国家级自然保护区生态安全评价"中的指标评价结果，以人口自然出生增长的速度表示，国际发达国家的水平一般为 4.37‰，厦门 2003 年的人口自然增长率为 0.7‰，属于很低的增长水平，但考虑到我国人口基数大，赋予评价隶属度 0.8。

r3 可持续发展战略的实施：参考"厦门市珍稀海洋物种国家级自然保护区生态安全评价"中对"区域可持续发展战略规划情况"和"区域可持续发展综合决策情况"两个指标评价结果，分别为中等和良好水平，赋予评价隶属度 0.6。

r4 国内环境法律的实施：通过专家访谈，认为厦门环境法律的实施状况在国内属于先进水平，而且还有专门的地方环保法律制定和实施，但仍存在一些法律规定不明晰、执法不严的问题，因此赋予评价隶属度 0.8。

r5 国际环境条约的实施：根据补充调查和专家访谈，认为厦门履行国际环境体条约的状况为较好水平，在国内属领先，涉及珍稀物种保护，如白鹭、中华白海豚，以及污染控制等协约，如厦门海岸带综合管理项目，因此赋予评价隶属度 0.8。

r6 地方法规制定和实施情况：根据补充调查和专家访谈，认为厦门地方环保法律的制定和实施在全国属领先水平，尤其是通过地方立法权制定的《厦门市环境保护条例》发挥了重要作用，但和先进国家仍有差距，因此赋予评价隶属度 0.8。

r7 自然保护区管理条例实施：参考"厦门市珍稀海洋物种国家级自然保护区生态安全评价"中对"保护区管理水平"指标评价结果，是较好水平，赋予评价隶属度 0.8。

r8 地方环境标准的水平：根据"厦门市生态城市概念性规划"课题中对专家问卷的调查结果，发现 62.5% 的专家认为厦门市地方环境标准水平比较高，25% 认为一般，因此赋予评价隶属度 0.6。

r9 行政管理的效率：根据"厦门市生态城市概念性规划"课题中对专家问卷的调查结果，发现 93.8% 的专家认为厦门行政管理效率很一般，但考虑到对厦门的期望值较高，而且总体厦门行政管理效率在全国处在先进水平，因此赋予评价隶属度 0.6。

r10 环境影响评价：对规划和建设项目实施后可能造成的环境影响进行分析、预测和评价，提出预防或者减轻不良环境影响的对策和措施，并进行跟踪监测的方法与制度。根据《2004 厦门经济特区年鉴》，2003 年厦门市建设项目环境影响评价执行率达 100%。但是通过专家访谈，认为目前厦门环境影响评价的实施仍存在一些不足，如缺乏有效跟踪评价和项目实施后评价，因此赋予评价隶属度 0.8。

r11 建设项目"三同时"管理：建设项目需要配置建设的环境保护设施，必须与主体工程同时设计、同时施工、同时投产使用。通过专家访谈，认为厦门实施情况良好，因此赋予评价隶属度 0.8。

r12 排污收费：对于向环境排放污染物的排污者，按所排放污染物的种类、数量、浓度，根据国家的相关规定收取一定的费用。根据《2004 厦门经济特区年鉴》，2003 年厦门市征收排污费 3 116.86 万元，较好地完成了年度排污收费任务，但通过专家访谈认为厦门目前排污收费仍存在检测不到位、排污费收取偏低等问题，因此赋予评价隶属度 0.6。

r13 环境目标责任制：在实际研究论证的基础上，确定某一区域、部门甚至单位环境保护的主要责任者和责任范围。专家认为该指标与"环保在政府管理中的重要性"密切联系，因此按照参照该指标的评价结果，赋予评价隶属度 0.6。

r14 城市环境综合整治定量考核：通过建立指标体系进行城市环境综合整治定量考核，

范围包括大气环境保护、水环境保护、噪声控制、固体废物处置和绿化5个方面。专家认为该指标与"环保在政府管理中的重要性"密切联系，因此参照该指标的评价结果，赋予评价隶属度0.6。

r15 排污许可证制：目前我国实施的是以排污总量控制为目的的排污许可证制度，根据《2004厦门经济特区年鉴》，2003年厦门市完成930家企业的排污申报登记及变更工作，正式发放排污许可证115家，临时许可证41家，工作完成情况良好，但通过专家访谈认为厦门市排污许可证目前还没有市场化，而且污染容量总量控制研究滞后，因此赋予评价隶属度0.6。

r16 污染集中控制：在一个特定的范围内，为保护环境所建立的集中治理设施和采用的管理措施。根据《2004厦门经济特区年鉴》认为厦门市当年污染源综合整治成效显著，尤其是杏林工业区实施污染集中控制取得很好的效果，因此认为该项制度在厦门市实施状况良好，赋予评价隶属度0.8。

r17 污染源限期治理：对造成环境严重污染的企业事业单位，限期治理，体现了"限期治理"的原则。根据对厦门市环境保护局工作人员的访谈以及《2004厦门经济特区年鉴》中厦门市清理整顿不法排污企业的成果，认为该项制度在厦门市实施状况良好，赋予评价隶属度0.8。

r18 环保投资机制：根据专家访谈，目前厦门的环保投资机制仍处在初级阶段，整体水平比较落后，但是在污水处理等方面已有一些成效显现，由此赋予评价隶属度0.5。

r19 海域功能区划：根据专家访谈，补充文献分析，厦门市是我国最早进行海域功能区划的城市之一，而且目前海域使用基本按照区划进行审核，运作良好，因此赋予评价隶属度0.8。

r20 环境管理标准的实施：根据专家访谈和资料调查，厦门是我国最早引进ISO 14000国际环境管理标准体系的城市之一，而且鼓浪屿是我国首个实施ISO 14000标准的试点城区，整体水平较高，赋予评价隶属度0.6。

r21 绿色核算的实施：指绿色GDP统计的实施，目前我国绿色核算体系进入试验阶段。根据专家访谈目前厦门绿色核算的实施仍处在初级阶段，因此赋予评价隶属度0.4。

r22 人均GDP（万元/人）：人均GDP水平越高，表示经济发展越发达。2005年厦门人均GDP 4.47万元/人，而同期全国水平约1万元/人，参考厦门市"生态文明指标体系研究——以厦门为例"课题设立的标准≥4万元/人，厦门属于较高水平，因此赋予评价隶属度0.8。

r23 单位面积产出值：厦门市第二、三产业增加值与全市建成区面积之比，指标值越高表示对土地及相关资源的利用率越高。2005年厦门单位面积产出值为7.98亿元/km²，参考厦门市"生态文明指标体系研究——以厦门为例"课题设立的标准≥10亿元/km²，厦门属于中等偏上水平，因此赋予评价隶属度 0.6。

r24 经济产业结构：根据"厦门市生态城市概念性规划"课题中对专家问卷的调查结果，发现认为厦门市产业结构比较合理和一般的各占 37.5%，另有 13% 认为不太合理，因此赋予评价隶属度 0.6。

r25 环保产业的发展状况：根据调查，厦门市环保企业已初具规模，一些企业得到很好的发展，如三达膜科技（厦门）有限公司，但存在法律政策扶持不足、核心竞争力低等问题，赋予评价隶属度 0.6。

r26 环保投入占 GDP 的比重：根据"厦门市生态城市概念性规划"课题文献分析结果，从 1996 年以来厦门环保投入逐年增加，1998 年达到 3.11%，超越国际水平，之后略有减少，但仍保持在 2.0% 以上，因此认为环保投入较高，赋予评价隶属度 0.8。

r27 循环经济实施：该指标采用工业用水重复利用率来代替，2005 年厦门工业用水重复利用率为 90.85%，而同期全国水平为 75.10，参考厦门市"生态文明指标体系研究——以厦门为例"课题设立的标准 ≥90%，厦门属于较高水平，因此赋予评价隶属度 0.8。

r28 绿色市场认证比例：是指通过绿色市场认证的农副产品批发市场数占全市农副产品批发市场总数的比例，指标值越高，说明市场中环保理念的落实越好，2005 年厦门市绿色市场认证比例为 12.5，和国家先进水平差距较大，属于较低水平，因此赋予评价隶属度 0.4。

r29 科技对经济增长的贡献率：反映科技进步贡献速度在经济增长速度中的份额，是一个相对指标，评价时需要同时考虑经济增长速度，2005 年厦门市科技对经济增长的贡献率为 57，由于同期厦门保持较高经济增长速度，属于较高水平，因此赋予评价隶属度 0.8。

r30 恩格尔系数：根据文献分析 2006 年 1—9 月厦门恩格尔系数为 0.33，显示出人民生活初步进入富裕程度。因此赋予评价隶属度 0.6。

r31 环保消费方式的实施：根据"厦门市生态城市概念性规划"课题针对"自带购物袋"的公众调查结果发现，不太同意和完全不同意分别占 35.6% 和 30.9%，二者总和占 66.5%，而同意和比较同意的仅占 12.1%，可知厦门环保消费方式落后，赋予评价隶属度 0.2。

r32 单位 GDP 耗能：城市能源消费总量与城市生产总值之比，用标准煤表示，2005 年厦门市单位 GDP 耗能为 0.65 吨标煤/万元，而同期全国水平为 1.22 吨标煤/万元，参考"生态文明指标体系研究——以厦门为例"课题设立的标准 ≤0.8 吨标煤/万元，厦门属于较高水平，因此赋予评价隶属度 0.8。

r33 单位 GDP 耗水：城市总用水量与城市生产总值之比，2005 年厦门市单位 GDP 耗水 20.84 t／万元，而同期全国水平为 399 t／万元，参考"生态文明指标体系研究——以厦门为例"课题设立的标准≤100 t／万元，厦门属于高水平，因此赋予评价隶属度 1.0。

r34 水资源供应情况：厦门市降雨时空分布不均匀且没有大型蓄水工程，对水资源的调蓄能力明显不足，可利用水资源量不够，人均水资源占有量较低，属于贫水区，按 2001 年已利用的水量推算，已达到可利用水量的 68%，用水高度紧张。赋予评价隶属度 0.2。

r35 能源供给情况：由于厦门本地能源主要依靠外来引入，自给能力很低，经济运行中存在的突出问题是能源供给不足，因此赋予评价隶属度 0.2。

r36 粮食供给：由于厦门产业结构主要以第二产业为主，第一产业所占份额很小，根据《2004 厦门经济特区年鉴》，第一产业比例仅为 2.42%，人均第一产业生产总值为 1 299 元，而同期城市居民的食品消费支出为 39.4 元，因此粮食的自给能力较差，赋予评价隶属度 0.4。

r37 工业废水达标排放率：根据集美大学水产学院（2005）"厦门生态城市海洋指标体系研究"调查结果，2003 年厦门工业废水达标排放率为 97.6%，赋予评价隶属度 0.8。

r38 生活垃圾处理率：生活垃圾实际无害化处理量占生活垃圾实际收集量的比例。2005 年厦门生活垃圾处理率为 93.48%，而同期全国水平为 59.71%，参考"生态文明指标体系研究——以厦门为例"课题设立的标准≥90%，厦门属于较高水平，因此赋予评价隶属度 0.8。

r39 工业固体废物处理率：城市地区各工业企业当年处置及综合利用的工业固体废物量之和占当年各工业企业产生的工业固体废物总量的比例。2005 年厦门工业固体废物处理率为 95.09%，参考"生态文明指标体系研究——以厦门为例"课题设立的标准≥92%，厦门属于较高水平，因此赋予评价隶属度 0.8。

r40 城市污水集中处理率：城市市区经过城市污水处理厂二级或二级以上处理且达到排放标准的污水量与城市污水排放总量的比例。2005 年厦门城市污水集中处理率为 77.03%，参考"生态文明指标体系研究——以厦门为例"课题设立的标准≥80%，厦门属于中等偏上水平，因此赋予评价隶属度 0.6。

r41 空气质量：根据厦门市环保局（2005）《厦门市 2005 年环境质量公报》，2005 年厦门市空气污染指数为 57，空气质量良，因此赋予评价隶属度 0.8。

r42 海水水质：根据厦门市海洋与渔业局（2004）《2004 年厦门市海洋环境质量公报》，厦门海域海水水质总体符合中度污染海域水质标准，因此赋予评价隶属度 0.4。

r43 地表水水质：根据厦门市环保局（2005）《厦门市 2005 年环境质量公报》，厦门市地表水源水质大部分超出Ⅱ类，部分甚至降到Ⅴ类，总体状况较差，因此赋予评价隶属度 0.4。

r44 森林覆盖率：以行政区域为单位的森林面积与土地总面积的比例。2005 年厦门森林覆盖率 43.10%，而同期全国水平为 18.21%，参考"生态文明指标体系研究——以厦门为例"课题设立的标准≥40%，厦门属于较高水平，因此赋予评价隶属度 0.8。

r45 保护区面积占国土面积比例：城市地区所拥有的风景名胜区、森林公园、自然保护区的总面积占城市区域总面积的比例。2005 年厦门受保护地区面积占国土面积比例 11.79%，参考"生态文明指标体系研究——以厦门为例"课题设立的标准≥10%，厦门属于较高水平，因此赋予评价隶属度 0.8。

r46 建成区绿地率：建成区内园林绿地面积与建成区面积的比例。园林绿地包括公共绿地、居住区绿地、单位附属绿地、防护绿地、生产绿地、道路绿地和风景林地。2005 年厦门建成区绿地率 34.60%，参考"生态文明指标体系研究——以厦门为例"课题设立的标准≥38%，厦门属于中等偏上水平，因此赋予评价隶属度 0.6。

r47 水土流失率：又称土壤侵蚀，指在水力、风力、重力等外应力作用下，水土资源和土地生产力的破坏和损失。2005 年厦门水土流失率为 6%，参考"生态文明指标体系研究——以厦门为例"课题设立的标准≤5%，厦门属于较高水平，因此赋予评价隶属度 0.6。

r48 生态恢复建设：根据专家访谈，认为厦门生态恢复建设运行较好，红树林恢复工作以及对珍稀物种的恢复工程运行良好，因此赋予评价隶属度 0.8。

r49 近岸湿地保护率：根据"厦门生态城市海洋指标体系研究"调查结果，2003 年厦门仅有 21.7% 近岸湿地受到保护，与理想值 45% 仍有较大差距，因此赋予评价隶属度 0.4。

r50 科研教育经费占 GDP 比例：根据集美大学水产学院（2005）"厦门生态城市海洋指标体系研究"调查结果，2003 年科技教育经费支出占 GDP 比重为 5.75%，与发达国家的 7% 有一定差距，因此赋予隶属度 0.6。

r51 环保技术的应用状况：根据专家访谈，认为目前厦门环保技术的应用总体比较少，但是在污水处理等个别方面环保技术的应用达到较先进水平，因此赋予评价隶属度 0.6。

r52 高等教育水平：采用高等教育入学率表示，该指标反映了区域人群文化素质水平，根据集美大学水产学院（2005）"厦门生态城市海洋指标体系研究"调查结果，2003 年厦门高等教育入学率为 61.3%，属于高水平，因此赋予评价隶属度 1.0。

r53 环境科学发展水平：厦门市内有多家著名环境科学研究单位，例如厦门大学、国家海洋局第三海洋研究所、福建海洋研究所等。根据"厦门市生态城市概念性规划"课题的专家访谈结果，有 6.3% 的专家认为厦门环境科学发展水平特别好，56.3% 认为比较好，因此赋予评价隶属度 0.8。

r54 对环境教育的重视程度：采用中小学环境教育普及率表示，指开展环境教育的中小学学校数占全市中小学学校总数的比例。2005 年厦门中小学环境教育普及率为 100%，参考"生态文明指标体系研究——以厦门为例"课题设立的标准≥90%，厦门属于高水平，因此赋予评价隶属度1.0。

r55 媒体中的环境题材：根据"厦门市生态城市概念性规划"课题中针对"媒体对环境的关注程度"的专家访谈结果，75%的专家认为比较关注，12.5%认为特别关注，可见厦门市媒体对环境题材是相当重视的，赋予评价隶属度0.8。

r56 政府对民众意见的重视程度：根据"厦门市生态城市概念性规划"课题专家访谈结果，一半的专家认为重视程度一般，认为比较重视的占18.8%，而且反映政府表面重视，但实际的兑现率很低，因此赋予评价隶属度0.6。

r57 个人的环保意识：根据"厦门市生态城市概念性规划"课题专家访谈结果，62.5%的专家认为厦门市个人的环保意识比较高，12.5%认为特别高，可见厦门市个人的环保意识较好，赋予评价隶属度0.8。

r58 环保组织的发展情况：根据"厦门市生态城市概念性规划"课题专家访谈结果，选择比较好、一般、比较差和不清楚的各占约25%，因此可见厦门市环保组织的发展情况很一般，赋予评价隶属度0.4。

r59 环保运动的发展情况：根据"厦门市生态城市概念性规划"课题中针对"环保运动对厦门环保所起的作用"的专家访谈结果，43.8%认为作用比较大，选择一般、特别小和比较小的各占12.5%，因此赋予评价隶属度0.6。

r60 环保中的公众参与程度：根据"厦门市生态城市概念性规划"课题中针对"环保过程中，公众直接参与决策的程度"的专家访谈结果，43.8%的专家认为一般，37.5%认为比较低，认为比较高的仅占12.5%。可见目前厦门市公众参与环保的程度还比较低，赋予评价隶属度0.4。

各指标评价结果详如表10-1。

表10-1　厦门海岸带生态安全响应力操作指标评价结果

响应力自变量	第二级细化指标（操作指标）	调查方法	隶属度	权重*
法律法规与政策	r1* 环保在政府管理中的重要性[c]	专家访谈	0.6	0.167
	r2 人口自然增长率[b]	文献分析	0.8	0.083
	r3 可持续发展战略的实施[b]	专家访谈	0.6	0.083
	r4 国内环境法律的实施	专家访谈	0.8	0.111
	r5 国际环境条约的实施	专家、文献	0.8	0.111
	r6 地方法规制定和实施情况	专家访谈	0.8	0.111
	r7 自然保护区管理条例实施[b]	公众问卷	0.8	0.167
	r8 地方环境标准的水平[c]	专家访谈	0.6	0.167

续表

响应力自变量	第二级细化指标（操作指标）	调查方法	隶属度	权重[*]
管理体制与机制	r9[*] 行政管理的效率[c]	专家访谈	0.6	0.250
	r10 环境影响评价	专家、文献	0.8	0.031
	r11 建设项目"三同时"管理	专家、文献	0.8	0.031
	r12 排污收费	专家、文献	0.6	0.031
	r13 环境目标责任制	专家、文献	0.6	0.031
	r14 城市环境综合整治定量考核	专家、文献	0.6	0.031
	r15 排污许可证制	专家、文献	0.6	0.031
	r16 污染集中控制	专家、文献	0.8	0.031
	r17 污染源限期治理	专家、文献	0.8	0.031
	r18 环保投资机制	专家访谈	0.5	0.125
	r19 海域功能区划	专家、文献	0.8	0.125
	r20 环境管理标准的实施	专家、文献	0.6	0.125
	r21 绿色核算的实施	专家访谈	0.4	0.125
经济发展与支持	r22 人均 GDP[a]	文献分析	0.8	0.125
	r23 单位面积产出值[a]	文献分析	0.6	0.125
	r24[*] 经济产业结构[c]	专家访谈	0.6	0.125
	r25 环保产业的发展状况	文献分析	0.6	0.063
	r26 环保投入占 GDP 的比重[c]	文献分析	0.8	0.063
	r27 循环经济实施[a]	文献分析	0.8	0.083
	r28 绿色市场认证比例[a]	文献分析	0.4	0.083
	r29 科技对经济增长的贡献率[a]	文献分析	0.8	0.083
	r30[*] 恩格尔系数	文献分析	0.6	0.125
	r31 环保消费方式的实施[c]	公众问卷	0.2	0.042
	r32 单位 GDP 耗能[a]	文献分析	0.8	0.042
	r33 单位 GDP 耗水[a]	文献分析	1.0	0.042
基础设施建设	r34 水资源供应情况	文献分析	0.2	0.083
	r35 能源供给情况	文献分析	0.2	0.083
	r36 粮食供给情况	文献分析	0.4	0.083
	r37 工业废水达标排放率[d]	文献分析	0.8	0.063
	r38 生活垃圾处理率[a]	文献分析	0.8	0.063
	r39 工业固体废物处理率[a]	文献分析	0.8	0.063
	r40 城市污水集中处理率[a]	文献分析	0.6	0.063
	r41 空气质量	文献分析	0.8	0.063
	r42 海水水质	文献分析	0.4	0.063
	r43 地表水水质	文献分析	0.4	0.063

响应力自变量	第二级细化指标（操作指标）	调查方法	隶属度	权重 *
基础设施建设	r44 森林覆盖率[a]	文献分析	0.8	0.063
	r45 保护区面积占国土面积比例[a]	文献分析	0.8	0.050
	r46 建成区绿地率[a]	文献分析	0.6	0.050
	r47 水土流失率[a]	文献分析	0.6	0.050
	r48 生态恢复建设	专家、文献	0.8	0.050
	r49 近岸湿地保护率[d]	文献分析	0.4	0.050
教育与科技支撑	r50 * 科研教育经费占 GDP 比例[d]	文献分析	0.6	0.333
	r51 环保技术的应用状况	专家访谈	0.6	0.167
	r52 高等教育水平[d]	文献分析	1.0	0.167
	r53 环境科学发展水平[c]	专家访谈	0.8	0.111
	r54 对环境教育的重视程度[a]	文献分析	1.0	0.111
	r55 媒体中的环境题材[c]	专家访谈	0.8	0.111
公众意识与参与	r56 * 政府对民众意见的重视程度[c]	专家访谈	0.6	0.250
	r57 个人的环保意识[c]	专家访谈	0.8	0.250
	r58 环保组织的发展情况[c]	专家访谈	0.4	0.167
	r59 环保运动的发展情况[c]	专家访谈	0.6	0.167
	r60 * 环保中的公众参与程度[c]	专家访谈	0.4	0.167
总计				6

注：指标数据来自 a 厦门市 "生态文明指标体系研究——以厦门为例" 课题；b "厦门市珍稀海洋物种国家级自然保护区生态安全评价" 课题；c "厦门市生态城市概念性规划" 课题；d "厦门生态城市海洋指标体系研究" 课题。指标权重为相对 6 个响应力自变量的分配结果。*代表整体性指标。

10.2　厦门海岸带生态安全响应力评价结果

通过厦门海岸带生态安全响应力操作指标的评价结果，根据指标体系的层次结构和整体性指标与非整体性指标进行指标权重分配，参照隶属度量化评价的数值范围划分（见表 9-8）从而获得厦门 6 个海岸带生态安全响应力自变量的评价结果，见表 10-2。厦门维护海岸带生态安全的教育与科技支撑的实施和运行情况在所有 6 个生态安全响应力中表现最好，处于较高水平，其次是法律法规与政策，两者的隶属度都高于 0.7；厦门维护海岸带生态安全的基础设施建设表现最差，处于一般水平，隶属度为 0.544；经济发展与支持和管理体制与机制对海岸带生态安全维护的作用进入较高水平，隶属度分别为 0.663 和 0.613。以此为据可以按照第 9 章中建立的生态安全响应力评价方法进行反馈效果、反馈效率和反馈充分性的定量化评价。

表 10-2　厦门海岸带生态安全响应力自变量评价结果

生态安全响应力自变量	评价隶属度	评价描述
法律法规与政策	0.717	较理想
管理体制与机制	0.613	较理想
经济发展与支持	0.663	较理想
基础设施建设	0.544	一般
教育与科技支撑	0.756	较理想
公众意识与参与	0.583	一般

10.2.1　响应力反馈效果评价

根据表 9-4 中对厦门海岸带 6 个生态安全响应力自变量与因变量之间的相关性分析结果，利用反馈效果评价方程（9-2）计算获得 9 项厦门海岸带生态安全问题因素受响应力反馈效果的定量评价结果（表 10-3）。厦门海岸带 9 项生态安全问题因素受到的反馈效果的评价隶属度在 0.600 ~ 0.665；其中自然灾害受到的反馈效果最差，刚刚达到比较理想水平。而人口变化受到的反馈效果最好，但是也仅仅处在较理想水平的中下等。总之，厦门各项海岸带生态安全问题因素受到的反馈效果十分接近，均处于较理想水平。

表 10-3　厦门海岸带生态安全问题因素受到的反馈效果评价结果

生态安全问题因素	反馈效果隶属度	评价描述
自然灾害	0.600	较理想
人口变化	0.665	较理想
经济条件	0.655	较理想
社会条件	0.652	较理想
发展压力	0.650	较理想
生态变化	0.647	较理想
污染物产生	0.644	较理想
资源开采	0.660	较理想
资源利用	0.643	较理想

根据表 9-1 中厦门海岸带 9 项生态安全问题因素的重要性，利用各项生态安全问题因素的反馈效果综合评价方程（9-1），可以计算获得厦门海岸带生态安全响应力反馈效果

的整体结果，评价隶属度为 0.649，处于较理想水平。

10.2.2 响应力反馈效率评价

根据表9-2中对厦门各项海岸带生态安全响应力敏感性和持续性的评价结果（采用定量化评价结果），结合利用生态安全响应力时效评价方程（9-3）和生态安全响应力长效评价方程（9-4），可以分别计算获得各个海岸带生态安全问题因素受到的反馈效率，包括时效性和长效性两个方面，如表10-4。从表中可以明显地看出厦门海岸带各项生态安全问题因素受响应力反馈作用的长效性要好于时效性。从反馈的时效性来看，自然资源开采受到反馈的效率最低，而自然灾害受反馈的效率最高；从反馈的长效性来看，自然灾害受到反馈的效率最低，而人口变化受反馈的效率最高。究其原因，是因为在厦门针对自然灾害的防护措施主要是以基础建设工程为主，而对于人口变化则是以政策、法律和宣传等手段为主。前者见效快，但持续性较低；后者相对见效慢，但可持续作用强。

表 10-4　厦门海岸带生态安全问题因素受到的反馈效率评价

生态安全问题因素	反馈时效性隶属度	评价描述	反馈长效性隶属度	评价描述
自然灾害	0.723 484	较理想	0.763 125	较理想
人口变化	0.445 274	一般	0.881 451	理想
经济条件	0.579 078	一般	0.829 806	理想
社会条件	0.717 007	较理想	0.863 523	理想
发展压力	0.478 761	一般	0.837 004	理想
生态变化	0.716 753	较理想	0.844 725	理想
污染物产生	0.612 134	较理想	0.854 849	理想
资源开采	0.436 303	一般	0.870 467	理想
资源利用	0.642 686	较理想	0.857 441	理想

根据表9-1中厦门海岸带9项生态安全问题因素的重要性，利用响应力反馈作用综合评价方程（9-1）可以计算获得厦门海岸带生态安全响应力反馈效率的总体结果。分别是时效性隶属度 0.567，属于一般水平；长效性隶属度 0.846，属于理想水平。产生这种结果的原因主要是厦门维护海岸带生态安全的各项措施中，法律法规与政策、教育与科技支撑等方面的工作实施较好，而基础设施建设等方面的工作实施得不尽理想。

10.2.3 响应力反馈充分性评价

根据反馈效果评价的结果，计算各个生态安全响应力自变量 X_i 对因变量 Y_j 的反馈效果与理想值的差距，完成生态安全响应力完整性性评价清单表，如表 10-5。表中数据可以反映各项生态安全受到响应力反馈作用充分性的大小，数值越大，表示充分性越不足。由此可知，在对自然灾害的反馈作用中，基础设施建设的充分性最不足，这也是所有响应力对生态安全问题因素作用中最欠缺的一项，其次是公众意识与参与和管理体制与机制，其余 4 项表现良好；针对人口变化的反馈，管理体制与机制的作用充分性相对较差，其次是法律法规与政策，其余 4 项反馈作用都较好；经济条件受到的反馈作用中经济发展与支持的作用最欠缺；社会条件受到的反馈作用是公众意识与参与的表现不够；发展压力受反馈作用不足的是经济发展与支持；生态变化受反馈作用不足的主要是基础设施建设；污染物产生最欠缺的反馈作用也是基础设施建设；资源开采反馈充分性表现比较均匀，没有明显欠缺的反馈作用；资源利用收到的反馈作用中公众意识与参与的不足最显著，超过其余 5 项充分性欠缺数值的总和。

表 10-5　厦门海岸带生态安全响应力完整性评价清单表

因变量	自变量						A'''_{yj}
	法律法规与政策	管理体制与机制	经济发展与支持	基础设施建设	教育与科技支撑	公众意识与参与	
自然灾害	0.02	0.07	0.01	0.19	0.02	0.08	0.60
人口变化	0.09	0.12	0.04	0.02	0.02	0.05	0.65
经济条件	0.02	0.03	0.14	0.09	0.05	0.02	0.66
社会条件	0.01	0.02	0.04	0.06	0.08	0.13	0.65
发展压力	0.04	0.06	0.14	0.03	0.01	0.06	0.65
生态变化	0.03	0.04	0.02	0.14	0.08	0.05	0.65
污染物产生	0.05	0.07	0.02	0.09	0.05	0.08	0.64
资源开采	0.07	0.10	0.09	0.02	0.02	0.04	0.66
资源利用	0.02	0.03	0.06	0.01	0.05	0.18	0.64

利用生态安全响应力反馈充分性评价方程（9-5）计算获得厦门海岸带各项生态安全响应力的充分性定量评价结果，各项生态安全问题因素受反馈作用的充分性相差不大，评价数值都在 0.60~0.66 之间，响应力反馈作用的充分性均处在较理想的水平；其中自然灾害受到的反馈作用充分性最差。

10.3　厦门海岸带生态安全响应力综合评价与建议

根据前文对厦门海岸带生态安全响应力的评价结果，对厦门海岸带生态安全保障措施的现状进行综合评价，并对今后相关工作的开展提出建议。

10.3.1 厦门海岸带生态安全响应力自身的优势与不足

根据对厦门海岸带生态安全响应力 6 个自变量的评价结果（见表 10-2），首先应指出厦门海岸带生态安全响应力的整体实施和运行状况良好。

厦门维护海岸带生态安全的教育与科技支撑的实施和运行情况在所有 6 个响应力中的评价隶属度最高，处在较理想状态，接近理想状态。原因一是厦门市海洋、环境相关的研究单位较多，研究实力雄厚，为厦门市海洋环境保护培养和输送了大批专业人才，并且保持了长时间的海岸带生态系统调查资料和数据。二是厦门市重视海洋环境保护工作，并建立了稳定有效的海洋科技支撑体系：1996 年厦门市人民政府牵头成立的厦门海洋专家组，包括海洋相关的自然科学、法学和经济学等方面的专家，为海洋决策提供可靠的科学依据。

厦门法律法规与政策自身实施和运行状况的表现也比较令人满意，评价隶属度仅次于教育与科技支撑。原因一是厦门政府和各级管理部门，以及企事业单位很好地贯彻现行生态环境保护的政策、法律和法规；二是厦门市具有地方立法权这一独特优势，并且利用该优势实施了一系列专门针对海洋开发和环境保护的法律法规，如《厦门市环境保护条例》和《厦门市海域功能区划》等，根据厦门海岸带的生态系统及资源分布特点，因地制宜制定了生态环境开发与保护对策，起到了良好效果。

由此可知厦门的教育与科技支撑、政策与法律法规两个方面是维护海岸带生态安全的突出优势。这两个优势为厦门维护海岸带生态安全确立了良好的基础，因此在今后的工作中应当注意保持和发扬两个方面的优势，充分利用两个优势，解决出现的海岸带生态安全问题，保障厦门海岸带生态安全。

厦门海岸带生态安全响应力明显的不足是基础设施建设，处于一般水平。究其原因主要是厦门属于岛屿为中心的城市格局，自然资源有限，尤其是水资源和能源的供应情况令人担忧，水土流失严重，均处于不理想水平；同时海水和地表水质、海岸带湿地的保护状况较差，见表 10-1。建议针对厦门稀缺的自然资源实施预警保障体系，对稀缺资源的供给和消费情况进行跟踪调查，并定期评价、调整。严格控制点源污染排放，针对九龙江口输入实施区域综合管理，短期内维持或改善水质状况；对具有重要生态功能的海岸带湿地设立专门的保护措施，适宜的地区应建立保护区。

厦门公众意识与参与对厦门海岸带生态安全的反馈作用也仅处于一般状态。该结果多少有些出乎意料，因为厦门公众参与环境保护的意识处于国内领先水平。究其原因，必须承认国内整体公众意识和参与环保的水平仍处在较低阶段，因此尽管厦门公众意识与参与水平国内领先,但整体仍处在一般水平。问题集中反映在环保组织的发展落后,公众在环境保护中起到的作用相当有限,而这两点很大程度上决定了公众意识和参与的水平。因此在今后的工作中应当注意培养和发展民间环保组织,并积极推动其在环保工作中发挥作用;另一方面积极拓宽群众参与环境保护决策制定和相关监督工作的途径,调动群众"参政议政"的积极性。

10.3.2　厦门海岸带生态安全反馈作用的综合分析与建议

根据厦门海岸带生态安全响应力反馈效果、反馈效率和反馈充分性的评价结果,结合厦门海岸带面临的生态安全问题因素,作出综合评价并提出相应对策。

首先,从反馈效果来看,厦门海岸带生态安全问题因素均受到了较好的反馈作用,而且各项海岸带生态安全问题因素受到的反馈效果十分接近,说明厦门市政府及各界在维护海岸带生态安全中对存在问题的认识以及所做的工作比较全面。但同时也说明今后进一步改善生态安全响应力将面临众多问题,根据各项生态安全问题因素受到的反馈效果,以及厦门海岸带各生态安全问题因素在生态安全问题中所占的重要性的分析结果(见表 9-1),可知提高厦门海岸带生态安全保障的整体水平首先应该从重要性高的因素入手,即首先需要解决发展压力带来的生态安全问题。而根据生态安全响应力与生态安全问题因素的相关程度的分析结果(见表 9-4),解决发展压力最有效的途径是经济发展与支持,由此可知提高厦门反馈效果的最佳途径是努力发展经济,提倡环境友好型的经济发展方式,例如生态产业、循环经济、清洁生产以及环境管理标准认证工作等。

接着,从反馈的效率来看,厦门市反馈效率的时效性普遍低于长效性,厦门目前在短时间内处理海岸带生态安全问题的能力一般,而从长远来看,厦门保障生态安全的发展潜力很大。造成反馈时效性一般的直接原因主要是对资源开采、人口变化和发展压力的反馈作用敏感性很一般;进一步分析发现资源开采的主要响应力来自政策与法律法规、管理体制与机制和经济发展与支持,人口变化的主要响应力来自政策与法律法规和管理体制与机制,发展压力的主要响应力来自经济发展与支持;三者所涉及的 3 个方面响应力反馈作用的敏感性均属于弱或者较弱,而持续性强或者较强,因此针对此 3 个生态安全问题因素,只能做长期对策,不能急于求成。从反馈作用的长效性来看,值得注意的是,对自然灾害的长效反馈作用相对较弱,究其原因是自然灾害的主要响应力来自基础设施建设,而该响应力的持续性处于中等水平,因此对自然灾害的防御要做好相关基础设施的定期检查和更新工作。

然后,从反馈作用的充分性来看,各项生态安全问题因素受反馈作用的充分性相差不大,总体在较理想状态。其中自然灾害受到反馈作用的充分性相对较差,在 6 个响应力中基础设施建设的反馈作用最不充分，因此今后亟须进一步加强基础设施对自然灾害的防御能力。其次，根据厦门海岸带生态安全响应力完整性评价清单表（见表10-5）：人口变化受到管理体制和机制的反馈作用充分性相对较差，因此需要进一步改善控制人口变化的管理方法和具体措施；经济条件和发展压力所受到响应力反馈作用中，经济发展与支持作用的充分性相对最不充分，因此需要在今后经济发展中注意创造环境友好型的经济条件，减少和防止发展压力对生态系统的负面影响；社会条件受到的反馈作用中，公众意识与参与的充分性相对最不足，因此需要注意采用提高公众意识与参与的方式，以改善社会条件引起的生态安全问题；生态变化所受响应力反馈作用中，基础设施建设的充分性最不足，原因是资源能源保障以及环境质量维护等方面的工作目前不尽如人意，亟待解决。以上所提到的充分性不足的一个普遍特点是，各个生态安全问题因素受反馈作用充分性最不足的均来自与其相关性最高的响应力或其中之一。由此可见提高厦门海岸带生态安全响应力充分性的一个重要手段是保证与各个生态安全问题因素相关性最高的响应力反馈效果得到充分的发挥。

最后，需要强调的是对于反馈作用的实施要考虑到生态安全的性质，安全是人类的基本需求，生态安全是地区可持续发展的基本保障，生态安全的反馈作用重点应该是预防生态安全问题的严重后果产生，因此预警原则在生态安全反馈作用实施中占有重要地位。预警原则要求即使没有科学的证据证明某些生态安全压力与其产生的效应之间存在确定的联系，只要假设这些压力有可能产生危险或危害效应，就应采取适当的技术或适宜的措施减缓或者直接取消这些影响（卢昌义，2005）。

第 11 章　总　结

11.1　主要研究结论

11.1.1　海岸带生态安全评价框架的建立

（1）本书首先分析了生态安全的内涵及其沿革，然后结合海岸带生态系统的特征，提出了海岸带生态安全内涵：认为海岸带生态安全是指在外界自然或人为干扰条件下，海岸带生态系统保持自身组成、结构完整和功能稳定，从而保证对海岸带生活的人类提供稳定、持续的资源和服务的动态过程。

（2）在对国内外生态安全评价的相关方法进行综合分析后，认为海岸带生态安全评价是属于区域尺度上的综合生态评价；利用"压力—状态—响应"（Pressure–State–Response，PSR）分析模型为基础，提出海岸带生态安全评价框架：海岸带生态安全评价要综合考虑海岸带生态安全压力、海岸带生态安全状态和人类社会对海岸带生态安全维护能力3个方面，并对生态安全压力、生态安全状态和生态安全响应力分别进行评价。

针对生态安全压力、状态和响应力3种不同的评价对象，充分吸收现有生态安全评价的相关方法，尤其注重对定量分析方法的应用，其中，压力分析借鉴区域生态风险评价的方法、状态分析借鉴区域生态健康评价方法、响应力评价借鉴政策分析方法进行构建。

11.1.2　海岸带生态安全压力评价方法构建及厦门案例研究

（1）海岸带生态安全压力评价以厦门行政管辖的海域及涉海陆地为研究对象，鉴别出厦门海岸带面临的主要自然和人为生态安全压力17项，分别是地震、台风与风暴潮、洪水、旱灾、海岸侵蚀、海雾、海平面上升、九龙江河口污染物输入、点源污染、非点源污染、赤潮、海岸工程与围垦造地、石油泄漏污染事故、渔业资源过度捕捞、海水增养殖过度、海洋生物疾病和生物入侵。

（2）根据收集的资料对各个压力的危害强度、频率和范围进行描述并建立海岸带生态安全压力内涵分析清单，利用定量化分析模型评价海岸带生态安全压力大小及其空间累积性影响，并利用清单分析表对生态安全的时间累积影响进行分析。

（3）评价结果发现：目前厦门海岸带生态系统总体面临较为严重的生态安全压力，主要来自海岸工程建设和围垦造地、九龙江河口污染物输入和台风、风暴潮3个方面；但并没有特别严重的生态安全压力存在，对于海平面上升、赤潮、点源污染、石油泄漏事故、海岸侵蚀和渔业资源的过度捕捞等生态安全压力均应给予高度的重视。

从空间累积性分析结果来看，以厦门西海域生态安全状况最为严重，其次为同安湾海域，两者构成厦门海域累积承受生态安全压力的主要区域，属于承受生态安全压力比较严重状态；整个厦门海岸带只有大嶝海域生态安全状况较好，属于不严重状态。

从时间累积性分析结果来看，厦门海岸带面临的生态安全压力以持续性压力为主，而且压力等级较高。非周期性压力比周期性压力少一个，但是非周期性压力的压力等级明显高于周期性压力。从压力暴发时间上来看，主要集中在夏季，共有10项压力在夏季暴发，其次是春季和秋季。因此，厦门海岸带生态安全应将重点放在持续性发生的生态安全压力上，而且注重对非周期性生态安全压力进行监测，在具体时间安排上，要重视夏季海岸带生态安全的综合维护。

（4）选择影响厦门海岸带生态系统最严重的围填海工程作为典型的厦门海岸带生态安全压力，从环境改变和生物改变两方面分析围填海工程对海岸带生态系统产生影响的作用机制；并从物理、化学、生物和景观4个方面构建具体分析评价指标体系。从海湾纳潮量变化、海水交换周期变化、海水流速变化、海水水质变化、红树林面积变化、底栖动物量损失、海水叶绿素a含量变化、赤潮发生、游泳动物种类变化、珍稀生物生境变化和海岛生态景观格局变化11个方面详细阐明了围填海工程对海岸带生态系统产生的影响。

11.1.3 海岸带生态安全状态评价方法构建及厦门案例研究

（1）海岸带生态安全状态评价方法以生态健康指标体系的构建为核心。本书首先分析生态健康指标的内涵、生态指标选取原则，并提出"网状"生态指标体系；然后从生态系统成分、结构和功能3个方面，构建生态指标体系的基本框架；结合海岸带的特征提出海岸带生态健康指标体系；最后通过将科学性与实用性相结合的操作指标定量选取方法，分别提取出厦门海岸带生态健康现状和回顾性评价的操作指标体系，分别包含43个生态健康现状评价指标和11个生态健康回顾评价指标；最后通过模糊理论中隶属度概念构建海岸带生态健康指标的评价方法，并确立评价标准和隶属函数的选取；以此对厦门海岸带生态安全（健康）状态进行现状评价和回顾性评价案例研究。

（2）案例研究结果发现：厦门海岸带生态健康现状属于较健康水平，但是也仅仅达到较健康状态的初级水平。目前厦门海岸带生态系统健康还没有出现紧迫关键的问题。影响生态系统健康的关键因素是湿地面积的变化、底栖动物个体变化、红树林面积变化。比较关键的因素是淡水资源量、海洋鱼类种类数量的变化、底栖动物量的变化、海岸线的破碎程度。

从回顾性评价的结果来看：厦门海岸带生态健康状态总体是一种持续下降的轨迹。从 20 世纪 80 年代之前的健康状态下降为 20 世纪 80 年代的较健康状态，再下降到 20 世纪 90 年代的一般状态，至今 21 世纪初厦门海岸带健康仅为一般状态中的中下水平。从下降的速度来看，从 20 世纪 80 年代前到 20 世纪 80 年代，厦门海岸带健康状态恶化的趋势最快；从 20 世纪 80 年代到 20 世纪 90 年代，恶化的趋势变缓，趋向平稳；但是从 20 世纪 90 年代到 21 世纪初，恶化的趋势又开始加快。在回顾评价的 11 个指标中，土地利用变化、鱼种数量、海岸线的破碎程度、红树林和湿地面积以及植被覆盖率的恶化趋势最为明显，显示出持续的恶化。从回顾指标的稳定性分析上来说，波动指标的数量最多，占所用指标的一半以上；其中大多是为波动恶化指标，只有海水叶绿素 a 含量和白鹭种群数量出现了改善。

（3）选择白鹭的生态安全状态作为厦门海岸带生态健康的典型状态指标，分别选择白鹭在厦门的两个主要繁殖生境——大屿岛和鸡屿岛以及 10 个代表性栖息觅食生境为研究对象，对白鹭生境的生态适宜性和人为干扰程度分别进行评价。其中，生境适宜性评价采用指标体系法，通过赋值、计算进行评价；人为干扰程度评价主要依靠地理信息系统分析方法，将人为干扰程度用不同土地利用形式代表，利用地理信息分析软件进行计算评价。评价结果发现，鸡屿岛和大屿岛的生态安全程度均处于安全等级，但是鸡屿岛在生态适宜性和受到的人为干扰程度上都要优于大屿岛，因此总体的生态安全程度也高于大屿岛。白鹭在厦门的 10 个代表性栖息觅食生境没有一处是属于安全等级，虽然以杏林湾、海沧和刘山的生态安全度最高，但是也仅处于较安全等级。其他还有澳头、筼筜湖和香山处于较安全等级，其余 4 处觅食生境处于一般安全等级。因此总体来看厦门白鹭的栖息觅食生境处于较安全等级。白鹭在厦门自然保护区处于比较安全状态，分析结果与厦门海岸带生态健康综合评价结果相似，证明白鹭的生态安全状态可作为厦门整个海岸带生态安全状态的典型指标。

11.1.4 海岸带生态安全响应力评价方法构建及厦门案例研究

（1）本书利用"驱动力—压力—状态—影响—响应力（DPSIR）"模型构建生态安全响应力评价方法，将生态安全中的驱动力、压力、状态和影响归为生态安全问题因素，作为生态安全响应力的作用对象，归结为自然灾害、人口变化、经济条件、社会条件、发展压力、生态变化、污染物产生、资源开采和资源利用9个方面；将生态安全响应力归结为法律法规与政策、管理体制与机制、经济发展与支持、基础设施建设、教育与科技支撑、公众意识与参与6种反馈途径。通过探讨响应力与生态安全问题因素的作用机制，从生态安全响应力反馈效果、反馈效率和反馈充分性3个方面入手构建生态安全响应力定量评价方法。最后以厦门海岸带生态安全的实际情况为根据，通过对6个响应力内涵的深入分析，构建海岸带生态安全响应力评价指标体系，包含60个操作指标；通过文献分析、专家访谈和问卷调查等方法收集相关信息和数据，以模糊理论的隶属度概念对指标进行定量评价。

（2）研究结果发现：厦门6个海岸带生态安全响应力自变量中教育与科技支撑的实施和运行情况表现最好，处于较高水平，其次是法律法规与政策；经济发展与支持和管理体制与机制对海岸带生态安全维护的作用进入较高水平；基础设施建设表现最差，处于一般水平。

反馈效果评价结果中，自然灾害受到的反馈效果最差，刚刚达到比较理想水平；人口变化受到的反馈效果最好，但是也仅仅处在较理想水平的中下等。总之，厦门各项海岸带生态安全问题因素受到的反馈效果十分接近，整体处于较理想水平。

反馈效率评价结果，包括时效性和长效性两个方面。厦门海岸带各项生态安全问题因素受响应力反馈作用的长效性要好于时效性。从反馈的时效性来看，自然资源开采受到反馈的效率最低，而自然灾害受反馈的效率最高；从反馈的长效性来看，自然灾害受到反馈的效率最低，而人口变化受反馈的效率最高。总体来看，厦门海岸带生态安全响应力反馈效率的时效性属于一般水平，而长效性处于理想水平。

根据响应力反馈充分性评价结果，在对自然灾害的反馈作用中，基础设施建设的充分性最不足，这也是所有响应力对生态安全问题因素作用中最欠缺的一项；针对人口变化的反馈，管理体制与机制的作用充分性相对较差；经济条件受到的反馈作用中经济发展与支持的作用最欠缺；社会条件受到的反馈作用是公众意识与参与的表现不够；发展压力受反馈作用不足的是经济发展与支持；生态变化受反馈作用不足的主要是基础设施建设；污染物产生最欠缺的反馈作用也是基础设施建设；资源开采反馈充分性表现比较均匀，没有明显欠缺的反馈作用；资源利用受到的反馈作用中公众意识与参与的不足最显著。总之，各项生态安全问题因素受反馈作用的充分性相差不大，均处在较理想的水平，其中自然灾害受到的反馈作用充分性最差。

（3）根据厦门海岸带生态安全响应力的评价结果，对海岸带生态安全保障措施的现状进行综合评价，并对今后相关工作的开展提出建议。首先是厦门海岸带生态安全响应力的整体实施和运行状况良好，其中，教育与科技支撑的实施和运行情况接近理想状态；法律法规与政策自身实施和运行状况的表现也比较令人满意，明显的不足是基础设施建设，处于一般水平，究其原因主要是厦门属于岛屿为中心的城市格局，自然资源有限，尤其是水资源和能源的供应情况令人担忧，水土流失严重，海水和地表水质、海岸带湿地的保护状况较差。

建议针对厦门稀缺的自然资源实施预警保障体系；严格控制点源污染排放，河口流域实施区域综合管理，短期内维持或改善水质状况；对具有重要生态功能的海岸带湿地设立专门的保护措施。提高厦门海岸带生态安全保障的整体水平首先需要解决发展压力带来的生态安全问题，而解决发展压力最有效的途径是经济发展与支持，由此可知提高厦门反馈效果的最佳途径是努力发展经济，提倡环境友好型的经济发展方式，如生态产业、循环经济、清洁生产以及环境管理标准认证工作等。在提高反馈效率方面，时效性主要应集中在资源开采、人口变化和发展压力3个方面；而长效性方面则要做好自然灾害防御的相关基础设施工作。在提高反馈充分性方面，亟须进一步加强基础设施对自然灾害的防御能力，还要保证与各个生态安全问题因素相关性最高的响应力反馈效果得到充分的发挥。

11.2 主要创新点

（1）本书认为海岸带生态安全是指在外界自然或人为干扰条件下，海岸带生态系统保持自身组成、结构完整和功能稳定，从而保证对海岸带生活的人类提供稳定、持续的资源和服务的动态过程。海岸带生态安全评价是属于区域尺度上的综合生态评价。利用"压力—状态—响应"（Pressure-State-Response，PSR）分析模型为基础，提出海岸带生态安全评价框架，分别考虑海岸带生态安全压力、海岸带生态安全状态和人类社会对海岸带生态安全维护能力3个方面，建立相应的评价方法。

（2）建立了海岸带生态安全压力定量评价模型，初步鉴别出厦门海岸带面临的主要生态安全压力，并从空间和时间累积两方面分析了厦门面临生态安全压力的状况。而且针对厦门面临的典型生态安全压力——围填海工程对海湾生态系统的影响进行了专门的分析。

（3）提出利用"网状"生态指标体系，从生态系统成分、结构和功能3个方面构建起厦门海岸带生态健康指标体系，利用定性和定量分析相结合的方法选择现状和回顾评价的操作指标体系，对厦门海岸带生态安全状态进行评价。同时，选择白鹭的生态安全状态作为厦门海岸带生态健康的典型状态指标，结合指标体系评价和地理信息系统分析方法对白鹭在厦门的生态安全状态作专门评价。

（4）利用"驱动力—压力—状态—影响—响应力"模型提出生态安全问题因素和生态安全响应力，并从响应力对生态安全问题因素的反馈效果、反馈效率和反馈充分性3个方面构建生态安全响应力评价方法。根据厦门海岸带生态安全响应力的评价结果，对海岸带生态安全保障措施的现状进行综合评价，并对今后相关工作的开展提出建议。

11.3　不足之处

本书根据生态安全内涵和海岸带生态系统的特征，结合现有生态安全相关的评价方法，利用"压力—状态—响应力"分析模型构建起海岸带生态安全评价方法的框架；该评价框架能够较为全面地对海岸带生态安全产生整个过程中的重要组成要素进行评价，但是由于分别采用了不同的方法对生态安全压力、状态和响应力进行评价，在三方面评价结果相互结合和协调上仍存在较明显的空隙，例如，响应力评价中对驱动力、压力、状态和影响因素的分类还没有充分考虑生态安全压力评价和生态安全状态评价中的相应指标。其次，本书针对压力和状态分别选取了一个典型的指标——围填海工程和白鹭生态安全状态，进行深入详细的分析，两个指标的分析结果很大程度上都能代表厦门海岸带面临的生态安全压力和所处的状态，但是在响应力评价方面却没有选择一个典型指标进行深入研究。厦门实施的海岸带综合管理（Integrated Coastal Management，ICM）是一个很好的典型，但由于相关研究已经很深入，因此本书仅对厦门海岸带生态安全响应力的总体状况进行了评价分析，针对海岸带综合管理对厦门海岸带生态安全的反馈作用的研究可参考相关研究结果。

11.4　研究展望

生态安全研究目前在国内外方兴未艾，对于生态安全评价方法的研究在各国存在显著的差异。而对于处在社会经济高速发展、生态环境迅速恶化的国内，尤其是面临社会经济发展和环境生态压力显著的海岸带地区而言，亟须建立一套通用的生态安全评价方法体系，开展案例研究，为解决生态安全问题提供决策支持。生态安全评价在今后将更多偏重于实践的应用和验证，而不仅仅局限在理论的研究层面。因此在评价方法体系的构建上就必须考虑实践的通用性和可操作性。达到这两个目标的重要途径，一是尽量多地采用定量化的评价方法，二是采用尽可能少的评价内容和评价步骤，减少操作指标的数目。本书在对海岸带生态安全评价方法的研究中所采用的定量分析方法主要来源于管理科学，其中对生态安全响应力评价使用的区间级的量化，今后可利用模糊数学进行区间变量的计算，进一步提高准确度。目前，经济学的定量评价方法越来越多地被应用于生态评价当中，如何将经济学的生态货币化方法结合到生态安全评价方法体系中，将是今后发展的一个重要方向。

参考文献

奥尔多·利奥波德. 1992. 沙乡的沉思［M］. 北京：经济出版社.

蔡守秋. 2001. 论环境安全问题［J］. 安全与环境学报，1（5）：28-32.

蔡晓明. 2000. 生态系统生态学［M］. 北京：科学出版社.

曹洪法，沈英娃. 1991. 生态风险评价概述［J］. 环境化学，10（3）：26-30.

陈家琦. 2002. 水安全保障问题浅析［J］. 自然资源学报，17（3）：276-279.

陈泮勤，孙成权. 1992. 国际全球变化研究核心计划（一）［M］. 北京：气象出版社.

陈泮勤，孙成权. 1994. 国际全球变化研究核心计划（二）［M］. 北京：气象出版社.

陈振明. 2005. 政策科学——公共政策分析导论［M］. 北京：中国人民大学出版社.

陈宗团，薛雄志，江毓武，等. 1998. 厦门市环境灾害防治与可持续发展的关系［J］. 热带海洋，17
（2）：59-66.

陈小麟，宋晓军. 1999. 厦门潮间带春季鸟类群落的生态分析［J］. 生态学杂志，18（4）：36-39.

程立显. 2000. 关于可持续发展的若干伦理学问题［J］. 北京大学学报（哲学社会科学版），3：34-42.

崔胜辉，洪华生，黄云凤，等. 2005. 生态安全研究进展［J］. 生态学报，25（4）：861-868.

东亚海域海洋污染预防与管理厦门示范区执行委员会办公室. 1998. 厦门海岸带综合管理下册［M］. 北
京：海洋出版社.

杜婧. 2003. 国家生态安全法问题研究［D］. 东北林业大学硕士毕业论文.

方文珍，陈小麟，陈志鸿，等. 2004. 厦门滨海湿地鸟类群落多样性研究［J］. 厦门大学学报（自然科学
版），41（1）：133-137.

方文珍，陈志鸿，林清贤，等. 2002. 厦门海滨湿地鸟类的研究（1999—2000）［J］. 厦门大学学报（自
然科学版），41（5）：653-658.

福建省海岛资源综合调查编委会. 1996. 福建省海岛资源综合调查研究报告［M］. 北京：海洋出版社.

福建省海洋开发管理领导小组办公室，近海海洋环境科学国家重点实验室，厦门大学海洋与环境学院.
2006. 福建省海湾数模与环境研究厦门专题研究报告［R］.

福建海洋研究所，厦门大学近海海洋环境科学国家重点实验室. 2005. 厦门西海域及同安湾海域面积
（围填海）总量控制研究报告［R］.

付在毅，许学工. 2001. 区域生态风险评价［J］. 地球科学进展，16（2）：267-271.

傅华. 2002. 生态伦理学探究［M］. 北京：华夏出版社.

傅泽强，蔡运龙. 2001. 世界食物安全态势及中国对策［J］. 中国人口·资源与环境，11（3）：45-49.

关文彬，谢春华，马克明，等. 2003. 景观生态恢复与重建是区域生态安全格局构建的关键途径［J］. 生态学报，23（1）：64-73.

韩渊丰，张治勋，赵汝植. 1993. 中国灾害地理［M］. 西安：陕西师范大学出版社.

胡运权，郭耀煌. 2000. 运筹学教程［M］. 北京：清华大学出版社.

黄宗国，刘文华. 2000. 中华白海豚及其它鲸豚［M］. 厦门：厦门大学出版社.

集美大学水产学院. 2005. 厦门生态城市海洋生态指标体系研究报告［R］.

角媛梅，肖笃宁. 2004. 绿洲景观空间邻接特征与生态安全分析［J］. 应用生态学报，15（1）：31-35.

近海海洋环境科学国家重点实验室，厦门大学环境科学研究中心，国家海洋局第三海洋研究所. 2005. 厦门市珍稀海洋物种国家级自然保护区生态安全评价研究报告［R］.

柯林·威尔森. 2001. 心理学的新道路：马斯洛和后弗洛伊德主义［M］. 北京：华文出版社.

邝杨. 环境安全与国际关系［J］. 欧洲，1997，（3）：25-33.

莱斯特·R·布朗. 1984. 建设一个持续发展的社会［M］. 北京：科学技术文献出版社.

李霁，李培超. 中国近二十年生态伦理学研究综述［J］. 湖南医科大学学报（社会科学版），2000，1：65-68.

李升友，胡照伟，刘潜. 2001. 对安全文化及其与安全科学之间关系的探讨［J］. 安全与环境工程，8（3）：30-33.

李文军，王子健. 2000. 盐城自然保护区的缓冲带设计——以丹顶鹤为目标种分析［J］. 应用生态学报，11（6）：843-847.

李欣海，马志军，丁长青，等. 2002. 朱鹮分布与栖息地内农民的关系［J］. 动物学报，48（6）：725-732.

林鹏，张宜辉，杨志伟. 2005. 厦门海岸带红树林的保护与生态恢复［J］. 厦门大学学报（自然科学版），44（S）：1-6.

林彰平，刘湘南. 2002. 东北农牧交错带土地利用生态安全模式案例研究［J］. 生态学杂志，21（6）：15-19.

刘普寅，吴孟达. 2000. 模糊理论及其应用［M］. 长沙：国防科技大学出版社.

刘潜. 2001. 安全科学原理［J］. 地质勘探安全，1：1-4.

刘硕. 2002. 土地利用/覆盖变化及其对生态安全的影响研究——以北方农牧交错带内蒙古扎鲁特旗为例［D］. 北京师范大学博士毕业论文.

刘文华，黄宗国. 2000. 厦门中华白海豚的分布和数量［J］. 海洋学报，22（6）：96-101.

刘湘宁. 2005. 生态伦理学研究综述［J］. 湖南农业大学学报（社会科学版），6（3）：98-100.

刘燕华. 李秀彬，2001. 脆弱性生态环境与可持续发展［M］. 北京：商务印书馆.

卢昌义. 2005. 现代环境科学概论［M］. 厦门：厦门大学出版社.

卢昌义，张明强. 2003. 外来入侵植物猫抓藤概述［J］. 杂草科学，4：46-48.

卢振彬. 2000. 厦门海域渔业资源评估［J］. 热带海洋，19（2）：51-56.

陆雍森. 2002. 环境评价［M］. 上海：同济大学出版社.

鹿守本，艾万铸. 2001. 海岸带综合管理——体制和运行机制研究 [M]. 北京：海洋出版社.

罗正南. 2002. 伦理调控：保障生态安全的重要手段 [D]. 华中师范大学硕士毕业论文.

马克明，傅伯杰，黎晓亚，等. 2004. 区域生态安全格局：概念与理论基础 [J]. 生态学报，24（4）：761-768.

毛小苓，倪晋仁. 2005. 生态风险评价研究述评 [J]. 北京大学学报（自然科学版），41（4）：646-654.

孟旭光. 2002. 我国国土资源安全面临的挑战及对策 [J]. 中国人口·资源与环境，12（1）：47-50.

牛文元. 1989. 生态环境脆弱带（Ecotone）的基础判定 [J]. 生态学报，9（2）：97-105.

欧阳志云，刘建国，肖寒，等. 2001. 卧龙自然保护区大熊猫生境评价 [J]. 生态学报，21（11）：1869-1874.

曲格平. 2002. 关注生态安全之一：生态环境问题已经成为国家安全的热门话题 [J]. 环境保护，5：3-5.

任志远，黄青，李晶. 2005. 陕西省生态安全及空间差异定量分析 [J]. 地理学报，60（4）：597-606.

Roberts MG，杨国安. 2003. 可持续发展研究方法国际进展——脆弱性分析方法与可持续生计方法比较 [J]. 地理科学进展，22（1）：11-21.

冉圣宏，金建君，薛纪渝. 2002. 脆弱生态区评价的理论与方法 [J]. 自然资源学报，（1）：117-122.

商彦蕊. 2000. 自然灾害综合研究的新进展——脆弱性研究 [J]. 地域研究与开发，9（2）：73-77.

世界环境与发展委员会. 1997. 我们共同的未来 [M]. 吉林：吉林人民出版社.

孙彩霞，武志杰，陈利军. 2004. 转 Bt 基因玉米的生态安全性研究进展 [J]. 生态学报，24（4）：798-805.

孙成权，张志强. 1996. 国际全球变化研究核心计划（三）[M]. 北京：气象出版社.

谭跃进. 2002. 定量分析方法 [M]. 北京：人民大学出版社.

UNEP，FAO，WB. 1994. 海岸带综合管理指南，《1993 年世界海岸大会文献资料汇编》[M]. 北京：国家海洋局海岛海岸带管理司译.

王根绪，程国栋，钱鞠. 2003. 生态安全评价中的若干问题 [J]. 应用生态学报，14（9）：1511-1556.

王韩民. 2003. 生态安全系统评价与预警研究 [J]. 环境保护，11：30-34.

王家曝，姚小红，李京荣，等. 2000. 黑河流域生态承载力估测 [J]. 环境科学研究，13（2）：44-48.

王彦平，陈水华，丁平. 2004a. 城市化对冬季鸟类取食集团的影响 [J]. 浙江大学学报（理学版），31（3）：330-336.

王彦平，陈水华，丁平. 2004b. 惊飞距离——杭州常见鸟类对人为侵扰的适应性 [J]. 动物学研究，25（3）：214-220.

王志琴，白人朴. 2003. 小城镇可持续发展与生态安全战略 [J]. 小城镇建设，6：10-12.

温刚，严中伟，叶笃正. 1997. 全球环境变化 [M]. 长沙：湖南科学技术出版社.

吴国庆. 2001. 区域农业可持续发展的生态安全及其评价探析 [J]. 生态经济，8：22-25.

吴豪，许刚，虞孝感. 2001. 关于建立长江流域生态安全体系的初步探讨 [J]. 地域研究与开发，20（2）：34-37.

吴开亚. 2003. 主成分投影法在区域生态安全评价中的应用 [J]. 中国软科学, 9: 123-126.

夏军, 朱一中. 2002. 水安全的度量: 水资源承载力的研究与挑战 [J]. 自然资源学报, 17 (3): 262-269.

肖笃宁, 陈文波, 郭福良. 2002. 论生态安全的基本概念和研究内容 [J]. 应用生态学报, 13 (3): 354-358.

厦门大学环境科学研究中心. 2003. 厦门市生态城市概念性规划研究报告 [R].

厦门市建设社会主义生态文明课题组. 2006. 生态文明指标体系研究——以厦门为例 [R].

厦门市环境保护研究所, 厦门大学生命科学学院. 2002. 厦门滨海湿地鸟类多样性研究 [R].

厦门市环保局. 厦门市环境质量报告 [R]. (1990—2000).

厦门市环保局. 厦门市环境质量公报 [R]. (2000—2004).

厦门市环保局. 2002. 2002 年厦门市环境质量分析报告 [R].

厦门市环境保护科研所, 厦门大学海洋与环境学院. 2005. 厦门海域大型底栖动物资源调查报告 [R].

厦门市海洋与渔业局. 厦门市海洋环境质量公报 [R]. (2000—2004).

厦门经济特区年鉴编委会. 厦门经济特区年鉴 [M]. 北京: 中国统计出版社. 1990—2004.

厦门市海岛资源综合调查, 开发试验领导小组办公室, 厦门市海洋管理处. 1996. 厦门市海岛资源综合调查研究报告 [M]. 北京: 海洋出版社.

肖风劲, 欧阳华. 2002. 生态系统健康及其评价指标与方法 [J]. 自然资源学报, 7 (2): 203-209.

徐海根. 2000. 自然保护区生态安全设计的理论和方法 [M]. 北京: 中国环境科学出版社.

徐海根, 包浩生. 2004. 自然保护区生态安全设计的方法研究 [J]. 应用生态学报, 15 (7): 1266-1270.

许学工, 林辉平, 付在毅, 等. 2001. 黄河三角洲湿地区域生态风险评价 [J]. 北京大学学报 (自然科学版), 37 (1): 111-120.

杨桂山, 施雅风. 1999. 中国海岸地带面临的重大环境变化与灾害及其防御对策 [J]. 自然灾害学报, 8 (2): 13-20.

杨华庭. 1999. 海岸带脆弱性分类及评价指标体系. 海岸带综合管理模式研究报告 [R]. 国家海洋局海洋发展战略研究所.

叶文虎, 孔青春. 2001. 环境安全: 21 世纪人类面临的根本问题 [J]. 中国人口·资源与环境, 11 (3): 42-44.

殷浩文. 2001. 生态风险评价 [M]. 上海: 华东理工大学出版社.

余谋昌, 王耀先. 2004. 环境伦理学 [M]. 北京: 高等教育出版社.

俞孔坚. 1999. 生物保护的景观生态安全格局 [J]. 生态学报, 19 (1): 8-15.

曾德慧, 姜凤歧, 范志平, 等. 1999. 生态系统健康与人类可持续发展 [J]. 应用生态学报, 10 (6): 751-756.

张雷, 刘慧. 2002. 中国国家资源环境安全问题初探 [J]. 中国人口·资源与环境, 12 (1): 41-46.

赵建华. 2001. 海岸带地区可持续发展对策研究 [J]. 海洋开发与管理, 5: 21-26.

赵云胜, 罗中杰. 1994. 论安全科学的几个基本问题 [J]. 地质勘探安全, 4: 34-38.

郑作新，郑光美，张孚允，等. 1997. 中国动物志（鸟纲，第 1 卷）［M］. 北京：科学出版社.

中国国家环境保护局. 环境影响评价技术导则——非污染生态影响. 中华人民共和国环境保护行业标准 HJ/T 19—1997.

国务院. 2000. 全国生态环境保护纲要［R］.

《中国海岸带社会经济》编写组. 1992. 中国海岸带社会经济，中国海岸带与海涂资源综合调查转业报告集［M］. 北京：海洋出版社.

钟兆站. 1997. 中国海岸带自然灾害与环境评价［J］. 地理科学进展，16（1）：44-50.

朱琳，佟玉洁. 中国生态风险评价应用探讨［J］. 安全与环境学报，2003，3（3）：22-24.

朱晓东，李杨帆，桂峰. 2001. 我国海岸带灾害成因分析及减灾对策［J］. 自然灾害学报，10（4）：26-29.

邹长新，沈渭寿. 2003. 生态安全研究进展［J］. 农村生态环境，19（1）：56-59.

左伟，王桥，王文杰，等. 2002. 区域生态安全评价指标与标准研究［J］. 地理学与国土研究，18（1）：67-71.

Barnthouse L W, Suter II G W. 1988. Use Manual for Ecological Risk Assessment［M］. ORNL26251.

Bowen R E, Riley C. 2003. Socio-economic indicators and integrated coastal management［J］. Ocean & Coastal Management, 46: 299-312.

Calabrese J E, Baldwin A L. 1993. Performing Ecological Risk Assessments［M］. Lewis: Publishers.

Canadian Global Change Program. 1996. Research Panel on Environment and Security of the Canadian Global Change Program. Environment and Security: An overview of Issues and Research Priorities for Canada［R］. Canada.

Carson R. Silent Spring［M］. Boston: Houghton Mifflin, 1962.

Cicin-Sain B, Knecht R W. 1998. Integrated Coastal and Ocean Management: Concepts and Practices［M］. Washington, D. C. Island Press.

Clark W C, aeger J J, Corell R, et al.. 2000. Assessing vulnerability to global environmental risk: Report of the Workshop on Vulnerability to Global Environmental Change: Challenges for Research, Assessment and Decision Making. http: //sust. harvard. edu.

Costanza R. 1992. Toward an operational definition of ecosystem health. In: Co stanza R, Norton B G, Haskelleds B D. Ecosystem health: new goals for environmental management［M］. Washinton, D. C. Island Press.

Costanza R, d'Arge R, de Groot R, et al.. 1997. The value of the world's ecosystem service and natural capital［J］. Nature, 387（15）: 253-260.

Costanza R. 1998. Predictors of ecosystem health. In: Rapport, D. J., R. Co stanza, P. R. Epstein, C. Gaudet & R. Levinseds. Ecosystemic health［M］. Malden and Oxford: Blackwell Science.

Dale V H, Beyeler S C. 2001. Challenges in the development and use of ecological indicators. Ecological Indicators, 1: 3-10.

Degroot R S. 1992. Functions of Nature: Evaluation of nature in environmental planning, management, and decision making [M]. Amsterdam: Wolters-Noordhoff.

Fuller R M, Devereux B J, Gillings S, et al.. 2005. Indices of bird-habitat preference from field surveys of birds and remote sensing of land cover: a study of south-eastern England with wider implications for conservation and biodiversity assessment [J]. Global Ecology and Biogeography, 14 (3): 223-239.

German Federal Foreign Office, German Federal Ministry for the Environment, Nature Conservation, and Nuclear Safety, and German Federal Ministry for Economic Co-operation and Development. 2000. Environment and Security: Crisis Prevention through Co-operation [R]. International Work shop with in the framework of the "Forum Global Fragen", Berlin. http://www. ecologic. de.

Hart B T, Davies P E, Humphrey C L, et al.. 2001. Application of the Australian river bioassessment system (AUSRIVAS) in the Brantas River, East Java, Indonesia [J]. Journal of Environmental Management, (62): 93-100.

Hertz D B, Thomas H. 1983. Risk Analysis and its Application [M]. New Jersey: John Wiley & Sons.

Hunsaker C T, Grahm R L, Suter G W, et al.. 1990. Assessing Ecological Risk on a Regional Scale [M]. Environmental Management, (14): 325-332.

IGBP/LOICZ. 1995. Reports & studies No. 3 [R], Texel: LOICZ.

IHDP. 1999. International Human Dimension Program on Global Environmental Change Report No. 11: GECHS Science Plan [R]. Bonn, Germany.

IPCC, RSWG, CZMS. 1991. Common methodology for assessing vulnerability to sea level rise. Report of the coastal zone management subgroup [R].

IPCC. 1992. Global Climate Change and the rising challenge of the sea [R]. RSWG report IPCC.

IPCC. 1997. Guidelines for national greenhouse gas inventories [R]. Intergovernmental panel on Climate Change/ Organization for Economic Cooperation and Development, Pairs.

Karr J R. 1993. Defining and assessing ecological integrity: beyond water quality [J]. Environmental Toxicology and Chemistry, 12: 1521-1531.

Karr J R. 1999. Defining and measuring river health [J]. Freshwater Biol, 41: 197-207.

Kasperson J X, Kasperson R E. 2001. International Workshop on Vulnerability and Global Environmental Change A Workshop Summary. [R]. International Workshop on Vulnerability and Global Environmental Change. Stockholm.

Kenneth H . 1997. Regions of Risk [M]. Produced by Longman Singapore Publisher (Pte) Ltd. Printed in Singapore.

Kullenberg G. 2002. Regional co-development and security: a comprehensive approach [J]. Ocean and Coastal Management, 45: 761-776.

Lalli C M, Parson T R. 1997. Biological Oceanography: An Introduction [M]. 2nd ed. Oxford: Butterworth-Heinemann.

Lipton J, Galbraith H, Burger J, et al.. 1993. Paradigm for Ecological Risk Assessment [J]. Environmental Management, 17: 1-5.

Loague K. 1994. Regional-scale groundwater vulnerability estimates-impact of reducing data uncertainties for assessments in Hawaii [J]. Ground Water, 32: 605-616.

Mageau M T, Costanza R, Ulanowicz R E. 1995. The development and initial testing of quantitative assessment of ecosystem health [J]. Ecosystem Health, 1: 201-213.

Marafa L M. 2002. Socio-ecological impact and risk assessments in the urban environment: a multidisciplinary concept from Hong Kong [J]. The Environmentalist, 22: 377-385.

Maslow A H. 1943. A Theory of Human Motivation [J]. Psychological Review, 50: 370-396.

Megill RE. 1977. An Introduction to Risk Analysis [M]. Tulsa: Petroleum Publishing Company.

Metz P L J, Stiekema W J, Nap J P. 1998. A transgene-centered approach to the biosafety of transgenic phosphionthricin-tolerant plants [J]. Molecular Breeding, 4 (4): 335-341.

MHPPE. 1989. Premises for Risk Management: Risk Limits in the Context of Environmental Policy. Directorate General for Environmental Protection [M]. The Netherlands: The Hague.

Norton S, McVey M, Colt J, et al.. 1988. Review of Ecological Risk Assessment Methods [R]. PB89_ 134357.

Odum E P. 1969. The strategy of ecosystem development [J]. Science, 164: 262-270.

Odum E P. 1985. Trends expected in stressed ecosystems [J]. BioScience, 35, 419-422.

Odum H T. 1995. Environmental Accounting: Energy and Decision Making [M]. New York: John Wiley & Sons.

Organization for Economic Cooperation and Development (OECD). 1993. OECD core set of indicators for environmental performance reviews [R]. Paris: OECD.

Organization for Economic Cooperation and Development (OECD). 1998. Towards sustainable development: environmental indicators [R]. Pairs: OECD.

Patil G P, Brooks R P, Myers W L, et al.. 2001. ecosystem health and its measurements at landscape scale: towards to the next generation of quantitative assessments [J]. Ecosystem health, 7 (4): 307-316.

Rapport. D J. 1989. What constitutes ecosystem health [J]. Perspectives in biology and medicine, 33: 120-132.

Rapport, D J, Costanza R, McMichael. A J. 1998. Assessing ecosystem health [J]. Trends in Ecology and Evolution, 13: 397-402.

Rapport D J. 1999a. On the transformation from healthy to degrade aquatic ecosystems [J]. Aquatic Ecosystem Health and Manage, 2: 97-103.

Rapport, D J, Costanza R, McMichael. A J. 1999b. Replay to Wilkins DA about Assessing ecosystem health [J]. Trends in Ecology and Evolution, 14: 69-70.

Rubenstein M. 1975. Patterns in Problem Solving [M]. New Jersey: Prentice Hall Inc.

Sadler B. 2002. From Environmental Assessment to Sustainability Appraisal? [R], in Environmental Assessment

Yearbook. Institute of Environmental Assessment and Management, Lincoln and EIA Center, Manchester.

Sadler B. 2003. Overview of International Trend and Developments in Strategic Environmental Assessment [R]. Conference on Reshaping Environmental Assessment Tools for Sustainability Proceedings, (1): 32-51.

Samersov V, Trepashko L. 1998. Power consumption of systems of plant protection as criterion of their ecological safety [J]. Archives of Phytopathology and Plant Protection, 31 (4): 335-340.

Schaeffer, D J, Henricks E E, Kerster H W. 1988. Ecosystem health: 1. Measuring ecosystem health [J]. Environmental Management, 12: 445-455.

Solovjova N V. 1999. Synthesis of ecosystemic and ecoscreening modelling in solving problems of ecological safety [J]. Ecological Modelling, 124: 1-10.

The European Enviornmental Pressure Indices Project: the Theory [R]. 2005. Available from: http: /esl. jrc. it/envind/theory.

Therivel R, Wilson E, Thompson S, et al.. 1992. Strategic Enviromental Assessment [M]. London: Earthscan Publications.

Timmerman P. 1981. Vulnerability, Resilience and the Collapse of Society. Environmental Monograph 1 [M]. Toronto: Institute for Environmental Studies.

Trubetskoi K N, Galchenko Y P. 2004. Methodological Basis of Ecological Safety Standards for the Technogenic Impact of Mineral Resource Exploitation [J]. Russian Journal of Ecology, 35 (2): 65-70.

UKDOE. 1995. A Guide to Risk Assessment and Risk Management for Environmental Protection [R]. Her Majesty's Stationery Office , London , UK.

United Nations Development Program. 1994. The Human Development Report [R]. NewYork: Oxford University Press.

USEPA. 1998. Guidelines for Ecological Risk Assessmen t [R]. FRL2601122.

USEPA. 2002. Clinch and Powell Valley Watershed Ecological Risk Assessment [R]. EPAP600PR201P050.

Villa F, MCleod H. 2002. Environmental Vulnerability Indicators for Environmental Planning and Decision-Making: Guidelines and Applications [J]. Environmental Management, 29 (3): 335-348.

Wackernagel M, Onisto L, Bello P, et al.. 1999. National natural capital accounting with the ecological footprint concept [J]. Ecological Economics, (29): 375-390.

Walther G R, Post E, Convey P, et al.. 2002. Ecological responses to recent climate change [J]. Nature. 416: 389-395.

Weslawski J M, Wiktor J, Zajaczkowski M., et al.. 1997. Vulnerability assessment of Svalbard intertidal zone for oil spills [J]. Estuarine Coastal and Shelf Science, 44: 33-41.

Woodrow Wilson International Center for Scholar. 2004. ECSP Report 1-8 [R]. Available on line at: http: // wwics. si. edu.

World Resources Institute. 2003. Ecosystems and human Well-being: A Framework for Assessment [M]. Washington, D C: Island Press.

World Resources Institute/United Nations Environment Program/United Nations Development Program/ World Bank. 1996. World Resource 1996—1997 [M]. New York and Oxford: Oxford University Press.

Wright J F, Sutcliffe D W, Furse M T. 2000. Assessing the biological quality of fresh waters: RIVPACS and other techniques [M]. Ambleside: The Freshwater Biological Association.

Xia J, Wang Z G, Wang F Y. 2001. Eco-environment quality assessment: a quantifying method and case study in the Ning Xia and semiarid region, China [J]. Hydro-ecology: Linking hydrology and aquatic ecology, (266): 139-149.

Xu F, Jorgensen S E, Tao S. 1999. Ecological indicators for assessing freshwater eco system health [M]. Ecological Modelling, 116: 77-106.

Xue X Z, Hong H S, Anthony T C. 2004. Cumulative ecological impacts and integrated coastal management: the case of Xiamen, China [J]. Journal of Environmental Management, 71: 271-283.

Yamada K, Nunn P D, Mimura N, et al.. 1995. Methodology for the assessment of vulnerability of South Pacific Island countries to sea-level rise and climate change [J]. Journal of Global Environmental Engineering, 1: 101-125.

Zhao L H. 2000. State key basic research and development plan of China: Dynamics and sustainable use of biodiversity and regional ecological security in the Yangtze Valley [J]. Acta Botanica Sinica, 42 (8): 879-880.

Zuo W, Zhou H Z, Zhu X H, et al.. 2005. Integrated evaluation of ecological security at different scales using remote sensing: A case study of Zhongxian County, the Three Gorges area, China [J]. Pedosphere, 15 (4): 456-464.